세상을 바꾼

화학

세상을 *바꾼*

화학

초판 1쇄 발행 2018년 1월 23일
개정판 1쇄 발행 2021년 3월 3일
개정판 3쇄 발행 2023년 9월 1일

지은이 원정현
펴낸이 박찬영
편집 김솔지
디자인 박민정, 이재호
본문 삽화 이선혜
마케팅 조병훈, 박민규, 최진주, 김도언

발행처 (주)리베르스쿨
주소 서울특별시 성동구 왕십리로 58 서울숲포휴 11층
등록번호 2013-000016호
전화 02-790-0587, 0588
팩스 02-790-0589
홈페이지 www.liber.site
커뮤니티 blog.naver.com/liber_book(블로그)
www.facebook.com/liberschool(페이스북)
e-mail skyblue7410@hanmail.net

ISBN 978-89-6582-291-2 (04400)
        978-89-6582-288-2 (세트)

리베르(Liber 전원의 신)는 자유와 지성을 상징합니다.

〈일러두기〉
1. 원소 표기는 국립국어원의 최근 변경된 표기법을 따랐으며, 첫 언급 시 이전 표기명을 병기했다.
   예) 망간 → 망가니즈
2. 화합물의 띄어쓰기는 표준국어대사전과 교육부 편수 자료를 기준으로 삼았다.
   예) 황화수소 → 황화 수소

세상을 바꾼

화학

원정현 지음

㈜리베르스쿨

〈세상을 바꾼 과학〉 시리즈를 펴내며
– 과학사와 과학 개념이 만나다

학교에서 학생들에게 과학을 가르치는 동안 늘 '어떻게 하면 과학적 개념들을 잘 이해시킬 수 있을까?', '어떻게 해야 학생들이 과학을 좋아하게 될까?'를 고민했습니다. 이 질문에 대한 답을 찾는 것은 제게 도전이었습니다. 매년 같은 내용들을 가르치면서도 논리와 재미, 둘을 모두 잡는 수업을 만들겠다는 욕심에 매번 치열하게 새로운 수업 방법을 고민했습니다.

그러다 어느 겨울, 영재 교육 담당 교사를 대상으로 한 연수에서 과학사라는 학문을 접했습니다. 과학사를 전공한 선생님이 진행한 갈릴레오에 대한 강의를 듣고, 저는 과학사라는 학문이 너무나 궁금해졌습니다. 예전에 석사 공부를 하는 동안 토머스 쿤의 《과학혁명의 구조》나 《코페르니쿠스 혁명》, 마틴 커드의 《과학철학》 등의 과학 고전들을 읽어 본 적은 있었습니다. 하지만 그때는 원서를 해석하는 데 급급해 특별한 매력을 느끼진 못하고 지나쳤습니다. 시간이 지나 새롭게 다시 접한 갈릴레오의 이야기는 저를 매료했습니다. 갈릴레오 강의를 들은 그날 바로 과학사·과학철학 협동과정에 입학 문의를 했고, 제 전공은 과학사로 바뀌었습니다. 30분, 1시간을 논문 몇 쪽, 책 몇 쪽으로 계산해 가며 공부하는 삶, 고달프지만 짜릿한 삶이 시작된 것이지요.

　과학사라는 학문은 과학을 공부할 때와는 완전히 다른 사고의 틀을 요구합니다. 학교 과학 시간에는 과학사학자이자 과학철학자 토머스 쿤이 말한 정상과학, 즉 현대 사회의 보편적인 과학 이론을 가르칩니다. 따라서 과학 교육에서는 개념과 이론 이해를 중요하게 여깁니다. 학생들은 과학자들이 현재까지 정립한 가장 최근의 지식들을 배우고, 그 지식 체계 안에서 문제를 풀어 낼 것을 요구받지요.

　하지만 과학사에서는 과학 개념 자체보다 연구자가 어떤 자료를 근거로 어떤 주장을 하는지를 파악하는 것을 더 중요하게 여깁니다. 또 과학에서는 정답이 정해져 있지만 과학사에서는 근거만 뒷받침된다면 다양한 해석 결과가 모두 수용됩니다. 결과물보다는 지식이 만들어지는 과정을 더 중요하게 여기는 과학사를 공부하자, 저의 비판적 사고 능력도 많이 자라났습니다.

　저는 과학 교육과 과학사를 연결하는 방법을 고민하기 시작했습니다. 주위를 둘러보니 청소년이나 대중을 대상으로 한 과학사 책들이 여러 권 출판되어 있었고, 그중에는 상당한 인기를 끈 책들도 있었습니다. 기존에 출판된 과학사 책은 크게 두 종류로 나누어 볼 수 있습니다. 하나는 과학사를 연대기 순으로 서술하는 방식입니다. 사건이 일어난 순서대로 역사를 서술하는 책들이지요. 또 하나는 과학자들을 중심으로 역사를 서술해 나가는 책들입니다. 이러한 책들은 보통 위인전의 형태를 취하거나 여러 과학자들의 생애와 업적을 간략하게 소개합니다.

　과학 지식의 성립 배경에 관심을 가지는 요즘의 흐름을 반영하듯 최신

과학 교과서는 과학사에도 꽤 많은 지면을 할애합니다. 하지만 과학 교과서에 실리는 역사는 일화 중심의 단편적 서술에서 그치는 경우가 많습니다. 또 과학사를 역사 자체로 접근하지 않고 과학적 개념을 학습하기 위한 도구로 이용합니다.

저는 출간되어 있는 과학사 책들을 보고 새로운 책의 필요성을 느꼈습니다. 과학사가 도구로써 이용되는 기존 도서의 한계를 넘고, 과학사와 과학적 개념이 서로를 보충하며 유기적으로 연결되는 책이 있었으면 좋겠다고 생각했습니다. 그리고 독자들이 과학사를 통해 좀 더 재미있고 쉽게 과학 개념들에 접근하기를 바랐습니다.

고민 결과 만들어진 책이 바로 〈세상을 바꾼 과학〉 시리즈입니다. 이 책의 서술 방식은 기존의 과학사 책들과는 상당히 다릅니다. 〈세상을 바꾼 과학〉은 중요한 과학 개념들이 어떠한 변화 과정을 거치면서 확립되어 왔는지를 서술의 중심으로 삼고 있습니다. 과학의 각 분야들을 딱 잘라 구분하기는 힘든 일이지만, 과학 분야를 나누는 큰 틀인 물리, 화학, 생물, 지구과학에 맞춰 작성했습니다. 각 분야의 중요한 개념을 선정해, 각 장에서 그 개념이 정립되어 나가는 과정을 서술했습니다. 저는 이런 서술 방식이 과학사와 과학을 통합적으로 연결할 수 있는 가장 좋은 방식이라고 믿습니다.

저는 독자들이 이 책을 읽으면서 '아하, 이런 과정을 거쳐 이런 개념들이 만들어졌구나.'라는 생각을 하기를 바랍니다. 과학 개념이 만들어지는 과정을 따라가다 보면 과학 이론을 익힐 수 있고, 나아가 과학이라는 학문 자체를 더 깊이 이해하는 시선을 갖추게 될 것입니다. 역사를 알면 현대 사회를 더 잘 이해할 수 있는 것처럼, 과학의 역사를 알면 현재의 과학 지식을 풍부하게 이해할 수 있습니다.

학생들을 가르치는 사람으로서, 그리고 동시에 과학사 연구에 발 담고 있는 사람으로서 이 책이 추구하는 방향이 옳다고 믿습니다. 이 책을 쓰기 위해 많은 자료를 조사하고 공부했습니다. 하지만 내용에 오류가 있을 수도 있다는 두려움을 완전히 떨칠 수 없습니다. 혹시 있을지도 모르는 오류에 대한 책임은 전적으로 이 책을 쓴 저에게 있을 것입니다. 잘못된 부분이 있다면 앞으로 고쳐 나가도록 하겠습니다.

마지막으로 이 책이 출판될 수 있도록 도와준 많은 분들에게 감사드립니다. 먼저 책의 출판을 허락해 주신 (주)리베르스쿨 출판사 박찬영 사장님께 감사드립니다. 또 원고를 꼼꼼하게 교정하고 예쁘게 편집해 주신 김솔지 편집자께도 깊은 감사를 드립니다. 지구과학 부문의 자료 수집을 도와 준 연구실 후배 하늘이에게도 감사의 마음을 전합니다.

모든 사람이 똑같은 속도로 삶을 살 필요가 없다고 주장하면서 꽤 늦게 새로운 공부를 시작한 저에게 언제나 지지와 격려를 보내준 가족 모두에게도 감사합니다. 특히 저의 마음속 허기를 채워 주고 언제나 넘치는 풍요로움을 가슴에 안겨주는 세 남자, 제 아버지 원영상 님, 남편 한양균, 그리고 아들 한영우에게 사랑과 감사의 마음을 담아 이 책을 바칩니다.

2017년 10월 26일

원정현 씀

과학의 역사를 공부하기 전에

과학적 사건들의 의미를 찾다

과학사란 글자 그대로 과학의 역사를 말한다. 과학이 어떤 과정을 거쳐서 형성되고 변화해 왔는지를 이해하려 하는 학문이다. 과학사를 연구하는 학자들을 가리켜 과학사학자라고 한다.

학교 과학 시간에는 보통 과학의 개념이나 이론, 법칙 등을 배운다. 하지만 과학사의 연구 목표는 과학과 조금 다르다. 과학사는 과학 이론이 어떤 과정을 거쳐 형성되어 변화해 왔나를 알아내 과학이라는 학문을 더 잘 이해하고자 한다. 또한 과학사는 과학 내적인 변화 과정만이 아니라 과학과 사회가 맺는 관계에도 많은 관심을 가진다. 과학자가 살던 시대적 배경과 과학에 영향을 주던 사회, 경제, 종교, 철학도 과학사의 중요한 연구 대상이다.

흔히들 현재를 이해하고 미래를 예측하기 위해서는 먼저 과거를 알아야 한다고 말한다. 우리는 과거를 분석해서 현재를 이해하기 위해 고조선에서 현대에 이르기까지의 역사를 공부한다. 과학사도 마찬가지다. 우리는 현재의 과학 이론을 제대로 이해하기 위해 과학사를 알아야 한다.

과학사에는 정답이 없다. 과학사는 다양한 사료를 이용해 여러 과학적 사건들의 역사적 의미를 찾는 학문이고, 역사 해석에는 다양한 관점이 있기 때문이다. 과학사 연구를 하다 보면 관점에 따라 역사적 사건의 중요도나 사건에 대한 해석이 달라지기도 한다. 현재 많이 채택되는 과학사 연구의 관점으로는 4가지가 있다.

첫 번째는 합리적 방법론을 중심으로 과학사를 연구하는 관점이다. 실제로 증명한다고 해 실증주의적 관점이라고도 한다. 이런 관점을 가진 과학사학자들은 과학적 지식이 실험 같은 합리적 방법과 논리적인 추론을 통해 만들어지기 때문에 다른 분야에 비해 훨씬 더 보편적이고 객관적이라고 생각한다. 그래서 과학의 역사를 돌아볼 때 과학자들이 실험과 관찰을 바탕으로 과학적 지식을 만들어 내고 변화·발달시켜 온 과정을 중요하게 여긴다.

두 번째는 자연을 보는 시각 변화를 중시하는 관점으로, 사상사적 관점이라고도 한다. 이 관점을 중요시하는 과학사학자들은 과학이 실험이나 관찰로만 변화해 왔다고 보지 않는다. 이들은 자연을 바라보는 방식의 변화가 실험과 관찰보다 더 중요하다고 생각한다. 수학과 과학의 관계를 예로 들 수 있다. 오늘날에는 수학이 없는 과학은 상상할 수 없지만, 16세기 이전까지만 해도 과학과 수학은 별개의 학문으로 여겨졌다. 하지만 17세기에 들어서 자연 현상을 수학으로 나타낼 수 있다는 자연관을 가진 과학자들이 등장했다. 그 결과 점차 과학과 수학이 결합하는 변화가 나타났다.

세 번째는 사회적 배경을 중시하는 관점이다. 이 관점에서는 어떤 사회적 배경 속에서 과학자들의 방법이나 시각이 변화했는지를 중요하게 여긴다. 이들은 과학이 놓여 있었던 사회적 맥락이나 과학과 사회의 관계,

과학 연구에 대한 후원 체계 등에 깊은 관심을 가진다.

마지막 관점은 사회적 유용성이라는 면에서 과학사를 바라보는 관점이다. 이 관점은 주로 사회주의 국가에서 많이 대두되었다. 이 관점을 지닌 과학자들은 인간의 삶을 위해 유용하게 쓰일 때 과학이 더욱 발달할 것이라고 본다.

이처럼 과학사를 연구하는 데는 여러 가지 관점이 있을 수 있다. 이들 중 어떤 관점이 옳고 그르다고 논할 수는 없다. 과학사를 깊이 있게 이해하기 위해서는 모든 관점들을 고루 갖추어야 한다. 오늘날 과학사를 보다 통합적으로 이해하게 된 것도 다양한 관점을 가진 여러 과학사학자의 노력 덕분이다.

과학은 언제부터 시작되었을까?

과학사를 연구하기 위해서는 과학의 시작점을 정해야 한다. 과학의 시작점을 정하려면 먼저 과학이 무엇인지에 대한 정의를 내려야 한다. 인간의 힘으로 자연을 이용하고 통제하려는 모든 시도들을 과학이라고 본다면 과학의 시작은 아주 오래전으로 거슬러 올라간다. 고대 메소포타미아와 이집트 등지에서는 문명이 생겨난 기원전 3500년경부터 수학, 천문, 의학, 측량의 분야에서 많은 발전을 이루었으니, 이때를 과학의 시작이라고 볼 수도 있다.

하지만 대다수의 과학사학자는 과학에 대해 이와는 다른 정의를 내리고 싶어 한다. '자연에 대한 합리적 지식 체계'라는 좁은 정의이다. 이렇게 정의하면 고대 메소포타미아나 이집트 문명보다는 이후 고대 그리스에서 이루어졌던 사유들이 과학에 더 가까워진다. 고대 그리스에서는 만물의 근원 물질이나 물질 변화의 원인, 우주의 구조 또는 질병의 원인 등에 대해 질문을 던졌기 때문이다. 이 질문들은 오늘날의 과학자들이 여전히 던지고 있는 질문이다.

그래서 과학사를 공부할 때는 보통 고대 그리스부터 시작한다. 중세에는 이슬람 지역이 과학적 발견에 중요한 역할을 했다. 이후로 르네상스를 지나며 근대 과학 이론들이 싹을 틔우기 시작했다. 16~17세기에는 과학 혁명을 거치며 과학의 모습이 크게 바뀌고 근대적인 과학이 등장했다. 과학 혁명 시기에는 우리에게 널리 알려진 코페르니쿠스, 갈릴레오, 케플러, 데카르트, 하위헌스, 하비, 보일, 뉴턴 등의 많은 과학자들이 활동을 했다. 이 시기에 천문학, 역학, 생물학 분야에서 근대적인 과학 개념이 등장했다면, 18세기 들어서는 화학 분야에서 큰 발전을 이루었다. 19세기 말에 이르면 물리학 분야가 오늘날과 같은 모습으로 만들어졌다. 이처럼 과학은 고대부터 현대에 이르기까지 시대에 따라 그 모습이 변화해 왔다.

과학사를 바라볼 때 명심할 것들

과거의 과학을 공부할 때 주의해야 할 점이 몇 가지 있다.

첫째는 현대 과학의 관점을 가지고 접근하면 안 된다는 점이다. 과거의 과학을 그 자체로 받아들이고 그 시대의 맥락 속에서 의미를 이해해야 한다. 예를 들어 아리스토텔레스의 학문에는 오늘날의 관점에서는 전혀 말이 되지 않는 잘못된 내용들이 많다. 이에 대해 과학사학자 데이비드 린드버그는 다음처럼 말했다.

> 철학 체계를 평가할 때는 그 체계가 근현대의 사고를 얼마나 예비했느냐가 아니라, 동시대의 철학적 난제들을 얼마나 성공적으로 해결했느냐를 척도로 해야 한다. 아리스토텔레스와 근현대를 비교할 것이 아니라, 아리스토텔레스와 그의 선배를 비교하는 것이 마땅하다. 이런 기준에서 평가하자면 아리스토텔레스의 철학은 실로 전대미문의 성공을 거둔 것이었다.
>
> ─데이비드 C. 린드버그, 《서양과학의 기원들》, 21쪽

과거의 과학자들의 이론이 틀렸다고 볼 것이 아니라 그 당시의 맥락 안에서 보아야 한다는 말이다. 그러면 결과물이 아닌 역사적 변천물로서의 과학을 더 잘 이해할 수 있게 될 것이다.

둘째는 용어를 사용할 때 주의를 기울여야 한다는 것이다. 과학이나 과학자라는 말이 등장한 것은 18세기 말 이후의 일이다. 그 이전까지는 과학은 자연철학으로 불렸고, 과학자는 자연철학자라고 불렸다. 17세기 아이작 뉴턴의 저서 제목이 《자연철학의 수학적 원리》라는 것에서 이를 확인할 수 있다. 자연철학은 19세기에 들어서면서 서서히 자연과학이라는 말로 바뀐다. 그러면서 과학자라는 용어도 사용되기 시작했다. 그래서 이 책에서도 19세기 이전의 과학에 대해서는 자연철학이라는 용어를 많이 사용했다. 한편 과학사를 논할 때는 용어뿐만 아니라 과학자들의 호칭에도 주의해야 한다. 요즘에는 갈릴레오 갈릴레이를 자주 갈릴레이라고 호명

하지만 그가 살던 당시 이탈리아에서는 갈릴레오라고 부르는 게 보편적이었다. 대다수의 과학사학자들은 이를 근거로 갈릴레오라는 호칭이 더 적절하다고 생각한다.

마지막으로 시야를 더 넓혀야 한다. 과학사는 보통 유럽을 중심으로 서술되지만, 오늘날 우리가 과학이라고 부르는 학문이 유럽에서만 등장했던 것은 아니다. 중국이나 인도 등에서도 옛날부터 과학이 발달했고, 중세 이슬람에서도 과학 연구가 활발하게 이루어졌다. 유럽의 과학이 가장 보편적인 것처럼 다루어지기는 하지만, 넓은 시야를 갖추고 유럽 이외의 지역에서 이루어진 의미 있는 과학 활동에도 관심을 가져야 한다.

과학사는 과거로부터 현재에 이르기까지 과학이 변화해 나가는 모습들을 알아보고 그것이 가진 의미들을 여러 관점에서 해석해 나가는 학문이다. 오늘날 우리가 배우는 과학의 중요한 개념이나 법칙들이 어떠한 과정을 통해 형성되었는지를 살펴보고 과학을 더 잘 이해하게 되기를 바란다.

Chapter 1

세상은 무엇으로 만들어졌을까?

물질 이론과 원소

신이 최초로 도형과 수로 형태를 만들어 내기 시작했다.

- 플라톤 -

화학은 물질의 구성과 변화를 다루는 학문이다. 화학자는 물질이 어떤 성질을 지녔는지, 그 구성 성분은 무엇인지를 연구한다. 또 물질끼리 어떤 영향을 주고받는지, 그리고 그 결과 어떤 변화가 일어나는지도 연구한다.

오늘날 화학이라고 부르는 학문 분야는 천문학이나 역학과는 달리 연금술, 약제, 의학, 염색, 금속 세공과 같은 여러 전통으로부터 생겨났다. 따라서 화학의 역사적 변천 과정에 대해서는 통일된 관점을 제시하기가 쉽지 않다. 그러나 화학의 기원이 매우 오래되었다는 점에 대해서는 큰 이견이 없어 보인다.

화학이 하나의 학문으로 등장한 때는 17세기 초였다. 하지만 그보다 훨씬 전부터 사람들은 이 세상의 근본 물질이 무엇이고, 물질이 어떻게 변하는지를 고민했다. 특히 자연을 합리적으로 설명하고자 했던 고대 그리스의 자연철학자들은 이 세상을 이루는 물질의 근원에 대해 끊임없이 질문을 던졌다. 오늘날의 관점에서는 이들이 세상의 근본 물질로 내놓은 답이 놀라울 정도로 단순해 보이지만, 그것은 진지한 사고와 논쟁의 결과물이었다.

세상을 구성하는 단 하나의 물질을 찾아서

고대 그리스 신화를 보면 신들은 모두 인간의 모습을 하고 있고, 시시때때로 인간의 일에 개입한다. 고대 그리스의 시인 호메로스가 기원전 8세기경 지은 작품들을 보면 제우스가 인간에게 꿈을 보내기도 하고, 신들이 모여 트로이 전쟁을 어떻게 할 것인지 논의하기도 한다. 《오디세이》에는 바다의 신 포세이돈이 풍랑을 일으켜 오디세우스의 항해를 방해하는 장면이 등장한다. 이처럼 고대 그리스에서 신은 인간의 일에 수시로 개입하는 것으로 여겨졌고, 자연 현상도 신이 개입한 결과로 해석되었다.

하지만 기원전 6세기경, 오늘날 터키 남서부 지방에 해당하는 이오니아 지역의 도시 밀레투스를 중심으로, 이전 세대와는 다른 방식으로 세계의 본성에 대해 사색하는 일련의 철학자들이 등장한다. 자연 현상을 보다 합리적으로 설명하고자 했던 철학자들은 세계를 구성하는 근본 물질이나 물질 변화의 원인에 대해 질문을 던졌다. 이들은 더 나아가 지진이나 일

◑ 〈태양 마차를 끄는 아폴론과 에오스〉 콘스탄티노 체디니의 19세기 초 작품이다. 고대 그리스의 신 태양신 아폴론과 새벽의 신 에오스로, 옛 그리스에서는 일출과 일몰을 신의 행동으로 해석했다.

◐ 밀레투스 원형 극장 밀레투스 지역에 남아 있는 고대 그리스의 유적이다.

식, 번개 등과 같은 자연 현상을 보편적이고 합리적인 방식으로 설명하고 자 했고, 그 과정에서 점차 신을 배제해 나갔다.

밀레투스 지역에서 활동했던 대표적인 자연철학자로 탈레스(Thales, 기원전 585년경 활동)를 꼽을 수 있다. 탈레스를 비롯해 아낙시만드로스 (Anaximander, 기원전 555년경 활동), 아낙시메네스(Anaximenes, 기원전 535년 경 활동) 등은 모두 비슷한 시기에 같은 지역에서 활동하면서, 만물의 근본 이 되는 물질을 찾기 위해 노력했다. 오늘날 우리는 이들을 가리켜 '밀레 투스학파'라고 부른다. 밀레투스학파는 만물의 기원과 자연 현상을 신적 인 요소로 설명하던 이전 세대의 방식을 거부하고, 보다 합리적이고 일반 화된 설명 방식을 도입하고자 했다.

밀레투스학파는 근본 물질이 무엇인지에 대해 다양한 가설을 내놓았 다. 탈레스는 만물의 근본 물질이 '물'이라고 주장했다. 물은 모든 생명체 속에 들어 있고, 어떤 생물도 물 없이는 살 수 없으며, 모든 생물의 몸에 가 장 많이 들어 있기 때문이었다. 그는 물이 굳으면 진흙이 되고, 물이 희박

○ 탈레스 물이 만물의 근원이라고 생각한 탈레스는 최초의 자연철학자라고 일컬어진다.

해지면 공기가 된다고 생각했다. 또 탈레스는 원판 모양의 대지가 물 위에 떠 있고, 이 대지의 흔들림이 지진을 일으킨다고 생각했다. 신의 노여움이 지진을 일으킨다고 여겼던 이전 세대와는 아주 다른 설명이었다. 이처럼 지금으로부터 약 2,600년 전에 원소, 즉 물질을 구성하는 기본 요소를 찾기 위한 시도가 시작되었다.

탈레스의 제자였던 아낙시만드로스는 만물의 근원은 물처럼 실체가 있는 물질이 아니라, 보다 추상적이면서 정해진 형태가 없는 '무한자'라고 생각했다. 아낙시만드로스에 따르면 이 무한자는 생기거나 없어지지 않으며, 그 자체가 가진 소용돌이 때문에 찬 것과 뜨거운 것을 만들어 낸다.

하지만 아낙시만드로스의 제자이자 친구였던 아낙시메네스는 무한자라는 개념이 지나치게 추상적이라고 생각했다. 그는 대신에 '공기'가 만물의 근원인 물질이라고 생각했다. 아낙시메네스는 공기가 희박해지거나 농축됨으로써 만물이 생겨난다고 생각했다. 그는 공기가 농축되면 물과 흙이 되고, 공기가 희박해지면 불이 된다고 생각했다. 일상생활에서 물질이 농축되고 희박해지는 과정이 끊임없이 진행되면서 물질 변화가 일어난다는 주장이었다. 이들처럼 만물의 근본 물질이 1가지라고 보는 학설을 1원소설 혹은 일원론이라고 한다.

이성적 비판과 논쟁으로 근본 물질에 대한 초기 논의를 이끌었던 밀레투스학파는 아낙시메네스 이후 더 이상 학문적 계보를 이어나가지 못했다. 페르시아 전쟁 때문이었다. 페르시아 전쟁은 페르시아 제국과 고대 그리스 도시 국가 연합 사이에서 벌어졌던 전쟁으로, 기원전 499년부터 기원전 450년까지 약 50년 동안 이어졌다. 당시 페르시아 제국을 통일한 다리우스는 페르시아에 대항해 반란을 일으킨 밀레투스를 공격했고, 기원전 494년에 밀레투스는 결국 패배했다. 최초로 자연철학을 꽃피웠던 도시 밀레투스는 자연철학의 중심지 기능을 상실했다.

하지만 밀레투스에서 시작된 자연철학의 전통은 이후 고대 그리스의 여러 도시로 이어졌다. 그리스 곳곳에서 밀레투스학파의 원소론에 의문을 제기하고 새로운 답을 찾는 자연철학자들이 등장했다.

밀레투스가 속했던 이오니아 지역의 도시 에페소스에서 활동했던 헤라클레이토스(Heraclitus, 기원전 500년경 활동)는 그런 자연철학자들 중 한 명이었다. 그는 밀레투스학파와는 달리 만물의 근원이 '불'이라고 믿었다. 헤라클레이토스는 "모든 것은 불의 교환물이고 불은 모든 것의 교환물이다. 마치 물건들이 금의 교환물이고, 금은 물건들의 교환물이듯이."라고 주장했다. "불의 죽음이 공기에게는 생겨남이고, 공기의 죽음이 물에게는 생겨남"이라고 생각했던 헤라클레이토스에게는 불이야말로 자연에서 일어나는 변화의 원인이자 상징이었다.

밀레투스학파나 헤라클레이토스와 비슷한 시기에 살았지만 이들과는 매우 다른 성격의 학파도 형성되었다. 이오니아의 사모스섬에서 태어나 이후 남부 이탈리아로 건너가 활동했던 피타고라스(Pythagoras, 기원전 580년경~500년경)가 그 주인공이다. 만물의 근원을 특정 물질에서 찾았던 다른 자연철학자들과는 달리 피타고라스학파는 만물의 근원이자 변화의 요인이 '수'라고 생각했다. 이들은 우주를 이해하는 열쇠를 수학에서 찾았다. 자연 현상을 연구할 때 수학을 중요하게 여긴 피타고라스학파의 사상은 17세기 이후에 유럽 과학에 큰 영향을 끼쳤다.

피타고라스학파는 만물이 수적인 조화로 이루어진다고 믿었다. 이들은 수를 이용해 만물을 연구했는데, 그 예로 음악의 화음 연구를 들 수 있다. 피타고라스학파의 학자들은 현의 길이에 따른 진동수 변화가 음의 높이와 어떤 관계를 맺는지 알아냈다. 피타고라스에 따르면 '도' 음을 내는 현의 길이를 1/2로 하면 한 옥타브 높은 음, 즉 '도'가 되고, 현의 길이를 2/3로 하면 5도 높은 음인 '솔'이 된다. 현이 짧아지면 진동수가 많아지면서

○ 〈일출을 축하하는 피타고라스학파〉 표도르 브로니코프의 1869년 작품이다. 피타고라스학파는 세상을 수학으로 이해하려고 했는데, 이 생각은 근대 과학의 발전에 큰 영향을 끼쳤다.

음이 높아지는 정도를 수학으로 나타낸 것이다.

밀레투스학파, 헤라클레이토스, 피타고라스의 뒤를 이어 고대 그리스에는 이후 유럽의 과학에 오랫동안 영향을 끼칠 아주 중요한 2가지 물질 이론이 등장했다. 원자론과 4원소설이다.

원자론은 레우키포스(Leoucippus, 기원전 450년경 활동)와 그의 제자 데모크리토스(Democirtos, 기원전 420년경 활동)가 주장했다. 물질이 연속적인지 아닌지에 답하기 위해 이들은 물질이 무한정으로 쪼개질 수 있을지 물었고, 물질을 계속 쪼개면 더 이상 쪼갤 수 없는 상태에 도달한다고 생각했다. 이들은 더 이상 쪼개지지 않는 이 작은 입자를 '원자'라고 불렀으며, 세상의 모든 물질이 원자로 구성된다고 주장했다. 원자(atom)라는 말 자체가 '쪼갤 수 없다'는 그리스어 atomos에서 유래했다.

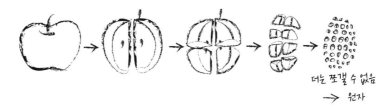

더는 쪼갤 수 없음
→ 원자

데모크리토스는 이 세상에서의 물질 변화는 모양과 크기가 다른 수많은 종류의 원자들이 재배열되어 나타나는 현상이라고 설명했다. 또한 그는 "있지 않은 것은 있는 것 못지않게 존재한다."라고 주장했는데, 이것은 이 세상이 원자로만 이루어져서는 안 되고 원자들이 운동하기 위한 '빈 공간(진공)'도 있어야 한다는 것을 의미했다.

데모크리토스의 원자론은 오랫동안 주목받지 못했다. 고대 그리스 최고의 자연철학자 아리스토텔레스가 원자론을 수용하지 않았기 때문이다. 또 신이 세상의 모든 것을 창조했다고 믿었던 사람들이 신이 진공이라는 쓸데없는 빈 공간을 창조했다는 생각을 수용하기란 쉽지 않았기 때문이기도 했다. 원자론이 과학의 전면에 등장하기까지는 긴 시간이 필요했다.

1원소설을 주장한 사람들

탈레스: 물

아낙시만드로스: 무한자

아낙시메네스: 공기

헤라클레이토스: 불

피타고라스: 수

데모크리토스: 원자

세상이 물, 불, 공기, 흙으로 이루어졌다고?

엠페도클레스(Empedocles, 기원전 493년경~기원전 430년경)가 주장한 4원소설은 고대뿐만 아니라 중세와 근대 초기까지 오랫동안, 보다 폭넓게 영향을 끼쳤다. 밀레투스학파나 헤라클레이토스, 피타고라스, 데모크리토스 모두 이 세계의 근원이 되는 물질이 1종류라고 생각했던 것과는 달리 엠페도클레스는 이전 세대의 논의를 조금 더 확장해 근본 물질을 4종류로 늘렸다.

엠페도클레스는 이미 존재하고 있으며 또한 언제나 존재해 왔던 흙, 물, 공기, 불을 '네 뿌리'라고 불렀다. 그리고 이들의 혼합과 분리로 물질 변화를 설명하고자 했다. 그는 뿌리라는 말을 사용함으로써 4가지 뿌리가 새로 생겨나지도 않고, 한 번 생겨난 이후에는 영원히 존재하며, 다른 것들이 뿌리로 분해될 수는 있지만 뿌리가 다른 것으로 더 이상 분해되지는 않는다고 주장했다. 네 뿌리를 더는 나눌 수 없는 근본 물질인 원소로 본 것이다. 그래서 엠페도클레스의 이론을 '네 뿌리 이론'이라고도 하고, '4원소설'이라고도 한다.

흙, 물, 공기, 불을 원소로 보았다고 해서 엠페도클레스가 말한 뿌리가 화학적으로 순수한 물질이라고 생각해서는 곤란하다. 엠페도클레스가 말한 흙은 넓은 범위의 고체를 일컫는 용어이며, 물은 다양한 액체뿐만 아니라 금속을 지칭하는 데도 사용되었고, 공기는 모든 기체를 가리켰기 때문이다. 즉 흙, 물, 공기는 각각 순수한 물질을 의미하는 것이 아니라, 고체 상태, 액체 상태, 기체 상태의 물질을 대표했다.

엠페도클레스의 네 뿌리 이론을 받아들이면, 어떻게 이 4개의 뿌리가 엄청나게 많은 다양한 물질들을 만들어 낼 수 있을까 하는 질문을 제기할 수 있을 것이다. 엠페도클레스는 이 네 뿌리가 사랑과 투쟁이라는 힘에 의해 서로 섞이거나 분리되며 변화를 일으킨다고 주장했다. 뿌리들이 서로 사랑을 하면 합쳐지고, 반대로 서로 싸우면 분리된다고 이야기했던 것이다. 오늘날의 방식으로 생각해 보면 물질들 사이의 화학적 친화력을 바탕으로 물질 변화를 설명했다고 할 수 있다.

엠페도클레스는 구체적인 비율 개념을 이용해 물질 형성 과정을 설명하고자 했다. 그에 의하면 물질들 간의 차이는 4개의 뿌리가 결합하는 비율의 차이에 의해 결정된다. 엠페도클레스가 자연에 대한 자신의 생각을 적은 글인 〈단편〉의 96번과 98번을 읽어 보면 결합 비율에 대한 그의 생각을 엿볼 수 있다.

96번: 땅은 자신의 비어 있는 여덟 부분을 채우기 위해 물의 밝음 2와 불 4를 받아들인다. 그리고 이것들은 조화의 힘에 의해 합쳐져서 흰 뼈를 이룬다.

98번: 흙은 아프로디테의 완벽한 항구에 정박하여 불, 비(물) 그리고 빛나는 공기와 거의 같은 양을 함께 한다. 이들로부터 피와 살이 만들어진다.

-엠페도클레스

엠페도클레스에 따르면 특정한 화합물을 이루는 원소들의 결합 비율은 항상 일정하다. 화합물을 구성하는 원소의 질량비가 일정하다는 일정 성분비 법칙은 19세기 초가 되어서야 등장했지만 엠페도클레스의 생각 속에도 일정 성분비 법칙에 대한 단초가 들어 있었음을 알 수 있다.

엠페도클레스의 네 뿌리 이론은 이후 고대 그리스 최고의 철학자였던 플라톤과 아리스토텔레스, 그리고 연금술사들에게 계승되어 오랫동안 가장 영향력 있는 물질 이론으로 자리 잡았다.

이처럼 고대인들은 원소가 1가지 또는 4가지라고 생각했다. 그렇다면 이들이 실제로는 얼마나 많은 원소들을 알고 있었을까? 고대 이집트인들은 금, 은, 구리, 철을 알고 있었고, 고대 페니키아인들은 납과 주석을 알고 있었다. 청동기 시대 동안 고대인들은 구리와 주석을 혼합해 청동을 만들었고, 청동을 이용해 무기와 장식품, 식기 등을 만들었다. 고대에 알려졌던 또 다른 금속 원소는 수은이다. 수은은 이집트나 그리스뿐만 아니라 고대 중국과 인도에서도 경외의 대상이었다. 고대인들은 비금속 원소인 탄소와 황도 일찍부터 알고 있었다.

고대에 이미 알려졌고 생활에도 이용했던 원소들이 이렇게 많았음에도 불구하고, 자연철학자들은 1원소설이나 4원소설을 주장했다. 이론과 실천 혹은 지식과 기술 사이에 오랫동안 상당한 괴리가 있었던 셈이다.

플라톤과 아리스토텔레스, 네 뿌리를 재해석하다

기원전 5세기까지 그리스에서는 밀레투스가 속한 이오니아 지역이 자연철학의 중심지였다. 하지만 페르시아 전쟁 이후 밀레투스학파의 계보가 끊기고, 대신 아테네가 그리스의 중심 도시 국가로 떠올랐다. 학문의 중심도 서서히 아테네로 이동해 아테네를 중심으로 활동한 일련의 철학자들이 등장했다. 이들이 바로 유명한 고대 그리스 철학자인 소크라테스, 플라톤, 그

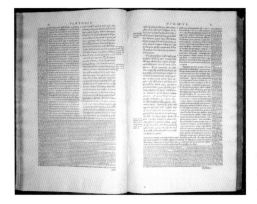

● 《티마이오스》의 중세 라틴어 필사본 플라톤의 철학서로 물리학, 생물학, 천문학 등을 다룬다.

리고 아리스토텔레스이다.

소크라테스의 제자였던 플라톤(Platon, 기원전 427년경~347년경)의 물질 이론은 엠페도클레스와 피타고라스의 영향을 받았다. 플라톤의 물질 이론은 그의 저서 중 하나인《티마이오스》에 잘 나타나 있다.《티마이오스》에는 조물주인 데미우르고스(Demiurge)가 등장한다. 이성적인 장인이자 수학자인 데미우르고스는 조화롭고 합리적인 설계를 바탕으로 기존에 질서 없이 흩어져 있던 물질들에 질서를 부여했다. 그 질서란 삼각형을 기본으로 하는 수학적 질서였다.

> 이처럼 가만히 있지 않고, 조화롭지 못하며 무질서하게 움직이는 가시적인 모든 것을 그가 받아서는, 그것을 무질서 상태에서 질서 있는 상태로 이끌었다.
>
> −플라톤,《티마이오스》(박종현·김영균 옮김, 83쪽)

우주가 질서를 갖게 되도록 하는 일이 착수되었을 때, 불, 물, 공기, 흙이 처음에는 이것들 자체의 어떤 흔적들만을 가지고 있었으나 …… 신이 최초로 도형들과 수들로써 형태를 만들어 내기 시작했다.

– 플라톤,《티마이오스》(박종현·김영균 옮김, 148~149쪽)

이처럼 플라톤의 세계는 처음 만들어질 때부터 철저하게 수학적 질서가 지배하는 세상이었기 때문에 그의 물질 이론도 수학, 즉 기하학과 연결되었다. 플라톤이 살던 시기에는 모두 5가지의 정다면체가 알려져 있었다. 피타고라스학파가 발견한 이 정다면체들은 정사면체, 정육면체, 정팔면체, 정십이면체, 그리고 정이십면체이다.

플라톤은 엠페도클레스의 네 뿌리 이론을 계승했지만 약간의 차이가 있었다. 플라톤은 이 네 뿌리들을 그때까지 알려진 각각의 정다면체와 연결지었다. 불은 정사면체에, 흙은 정육면체에, 공기는 정팔면체, 물은 정이십면체와 동일시했던 것이다. 그리고 남은 정십이면체를 황도 12궁, 즉 우주와 연결지었다.

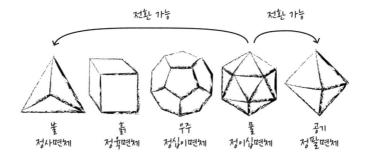

엠페도클레스는 물질의 근원인 네 뿌리가 서로 전환될 수 없다고 생각했지만 플라톤은 이 네 근본 물질들이 서로 전환될 수 있다고 생각했다. 정사면체, 정팔면체, 정이십면체의 면은 모두 정삼각형이다. 따라서 플라톤은 물의 정이십면체는 20개의 삼각형으로 분해한 다음, 공기의 정팔면체 2개와 불의 정사면체 1개로 바꿀 수 있다고 여겼다.

플라톤의 제자였던 아리스토텔레스(Aristoteles, 기원전 384~기원전 322)는 엠페도클레스나 플라톤의 생각을 비판적으로 수용하면서 자신만의 물질 이론을 발전시켰다. 아리스토텔레스도 엠페도클레스의 네 뿌리 이론을 계승했지만 플라톤처럼 달리 네 근본 물질들이 서로 전환될 수 있다고 주장했다. 또 자신의 스승 플라톤이 근본 물질들을 기하학적 도형과 연결지은 것과는 달리 근본 물질을 일상에서 경험 가능한 성질과 연결지었다.

아리스토텔레스가 네 뿌리와 연결지은 4가지 성질은 온(따뜻함), 냉(차가움), 건(건조함), 습(습함)이며, 아리스토텔레스는 이런 성질들이 조합되어 근본 물질을 만들어 낸다고 생각했다. 4가지 근본 물질 중 흙은 차고 건조한 성질이 조합해 만들어지며, 물은 차고 습한 성질, 불은 따뜻하고 건조한 성질, 그리고 공기는 따뜻하고 습한 성질이 합쳐져서 생긴다고 여겼던 것이다. 플라톤의 물질관이 다분히 추상적이었다면, 아리스토텔레스는 이처럼 우리가 생활에서 경험적으로 느끼는 성질들로 설명할 수 있는 물질관 가지고 있었다.

근본 물질들이 성질의 조합으로 생긴다는 아리스토텔레스의 이론에 의하면, 근본 물질들은 개개의 성질로 환원될 수 있고, 한 근본 물질이 다른 근본 물질로 변하는 것도 얼마든지 가능하다. 한 근본 물질에서 적당한 성질을 빼거나 더하면 그 물질은 다른 물질로 바뀐다. 예를 들어 물에 열을 가하면 물의 찬 성질이 열에 굴복해 물이 따뜻하고 습한 성질을 가진 공기로 변한다. 흙(즉, 고체)을 녹이려면 흙에 습함을 가하면 되고, 고체를 태우려면 뜨거움을 가하면 된다. 4원소설로 알려진 아리스토텔레스의 물질 이론과 물질 변화 가능성에 관한 이론은 이후 연금술에 큰 영향을 미쳤다.

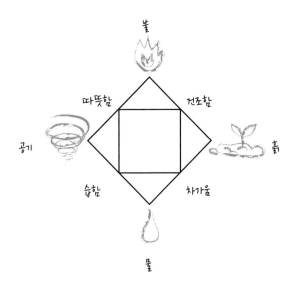

네 뿌리 이론의 변화

	특징	물	불	흙	공기
엠페도클레스	전환 불가능	액체	불	고체	기체
플라톤	기하학적	정이십면체	정사면체	정육면체	정팔면체
아리스토텔레스	성질의 조합	냉＋습	온＋건	냉＋건	온＋습

자비르, 황과 수은이 금속을 만든다고 주장하다

연금술사들은 싼 금속을 귀금속으로 바꾸기 위해 여러 물질들을 연구했다. 연금술은 오랫동안 신비주의나 비술 등과 연결지어졌다. 과학의 목표가 자연에 대한 합리적인 지식 체계를 찾는 것이었다면, 연금술의 목표는 금을 만들거나 영혼을 구원받거나 불로장생을 얻는 것이었다. 그래서 연금술은 상당히 오랫동안 근대 과학의 일부로 인정받지 못했다.

최근 들어 과학사학자들은 연금술의 이론과 실행에 다양한 측면들이 있었음에도 불구하고, 그동안 신비주의적인 면모만으로 연금술 전체를 규정했던 것은 아닌지 새롭게 돌아보기 시작했다. 오늘날 많은 과학사학자들은 자연에 대한 연구에서 연금술이 이론적·실재적으로 중요한 역할을 했다는 점을 어느 정도 인정한다.

연금술사들이 썼던 증류·승화 등의 숙련된 실험 기술들은 근대 이후의 화학자들에게로 그대로 계승되었다. 또 로버트 보일이나 아이작 뉴턴을 포함한 많은 과학자들도 오랫동안 연금술에 종사했다. 연금술은 16~17세기 과학 혁명 기간 동안 새로운 과학 지식이 창조되는 데에 큰 역할을 했다.

연금술은 고대 이집트에서 처음 시작되었다. 초기 이집트의 연금술 지식은 죽은 사람의 몸을 썩지 않게 방부 처리하는 기술과 관련이 있었다. 이집트의 연금술사들은 죽은 자가 사후 세계를 여행하는 동안 시체를 보존하기 위해 연금술을 실행했다. 이후 서서히 연금술은 당시 사람들이 알고 있었던 금, 은, 구리, 철, 주석, 납, 수은, 이렇게 총 7가지 금속 원소를 다루는 방법으로 바뀌었다.

이집트인들은 자신들이 알고 있던 금속 원소 7개와 행성이 7개(태양, 달, 수성, 금성, 화성, 토성, 목성)라는 점을 연관 지으려고 했다. 이들은 태양은 금, 달은 은, 수성은 수은, 금성은 구리, 화성은 철, 목성은 주석에, 그리고 토성은 납과 연결지었다. 이런 연관성을 바탕으로 연금술사들은 '구리와 주석을 결합해 청동을 만든다.'가 아니라 '금성과 목성을 결합한다.'와 같은 방식으로 자신들의 비법을 기록해 놓았다. 초기의 연금술사들이 천한 금속(구리, 납, 철 등)을 금으로 바꾸려고 연구한 것은 부를 얻기 위해서라 기보다는 영혼을 정화하려는 목적이 더 컸다.

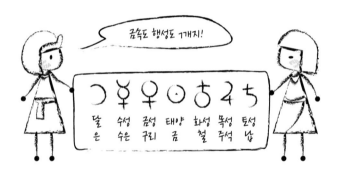

알렉산더가 이집트의 나일강 입구에 건설했던 도시 알렉산드리아는 헬레니즘 시대를 거치면서 고대 그리스 과학의 중심지로 부상했다. 바로 이곳 알렉산드리아에서 이집트의 연금술과 아리스토텔레스의 4원소설이 만났다. 한 물질이 다른 물질로 전환될 수 있다는 아리스토텔레스의 4원소설을 받아들이자 이집트의 연금술은 탄탄한 이론적 기반을 갖추게 되었다.

아리스토텔레스는 모든 사물이 형상과 질료의 합성물이라고 생각했다. 형상이 사물의 본질이라면 질료는 그 사물의 재질이자 토대이다. 예를 들어 나무가 질료라면, 이 나무로 의자 형상을 만들어야 의자라는 사물이 된다. 아리스토텔레스는 물질이 변환될 때 질료는 변하지 않지만 형상은 변화한다고 생각했다. 따라서 형상을 바꾸면 다른 물질로의 변환이 가능해진다고 연금술사들은 생각했다.

고대의 연금술사들은 물질이나 실험 과정을 상징화하는 그림들을 많이 남겼다. 초기 연금술 그림에는 자신의 꼬리를 먹는 뱀(혹은 용)의 그림이 자주 등장한다. 이 뱀은 물질의 통일과 상호 전환성, 혹은 윤회, 그리고 만물의 통일성을 상징한다. 물질을 나타내는 이런 기호나 상징은 19세기 초에 돌턴이 원자설을 제안하면서 새로운 기호를 쓰기 시작할 때까지 계속 이용되었다.

알렉산드리아를 중심으로 행해졌던 고대 그리스의 연금술은 380년에 기독교가 국교화된 이후 급격히 쇠퇴했다. 연금술 쇠퇴의 가장 큰 계기는 300년경 로마의 황제 디오클레티아누스가 제국 전체에 걸쳐 연금술을 금지하고 연금술이 기록된 문서를 태워 버린 일이었다. 이후 약 100년이 지난 후 알렉산드리아의 도서관까지 불에 타 버리면서 연금술은 제도권 밖으로 밀려났다.

하지만 연금술의 전통은 여기에서 끝나지 않았다. 7세기 이후에 이슬람을 중심으로 연금술이 다시 활발하게 실행되었기 때문이다. 이슬람은 세력을 확장하는 과정에서 고대 그리스의 서적들을 얻었고, 이후 대대적인 번역 작업을 실시했다. 이 과정에서 알렉산드리아의 곳곳에 보관되어 있

◐ 오우로보스 자신의 꼬리를 먹는 뱀
오우로보스는 연금술의 상징이다.

던 연금술 서적들이 아랍어로 번역되었고, 그 내용은 이슬람에서 연금술
이 발달하는 데 영향을 끼쳤다.

　이슬람의 연금술사로 가장 유명한 인물은 자비르 이븐 하이얀(Jabir ibn
Hayyan, 721년경~815년경)이다. 그는 오늘날 이슬람 연금술의 아버지라고
불리기도 한다. 유럽에는 게베르라는 이름으로 더 잘 알려져 있다.

　자비르의 연금술 이론은 기본적으로 아리스토텔레스의 4원소설을 바
탕으로 한 금속의 변환 가능성에 기반을 둔다. 하지만 자비르는 여기에서
멈추지 않고 자신만의 독특한 이론을 만들었다. 바로 황과 수은으로 금속
을 만들 수 있다는 생각이었다. 수은과 황의 증기를 결합해 여러 가지 금
속을 만들 수 있다는 자비르의 '황-수은 이론'은 이슬람과 이후 유럽의 연
금술에 큰 영향을 끼쳤다. 황-수은 이론에서 황은 불타는 돌을 의미한다.
황을 가진 물질은 잘 연소되는 특징이 있다는 이야기이다. 금속이 내부에
가연성 원소를 함유한다는 개념은 이후에도 오랫동안 지속되었고, 이후
에 연소 개념을 설명하기 위해 등장하는 플로지스톤 이론에도 영감을 제

◐ 자비르 이븐 하이안 연금술을 연구해 여러 물질을 조제하고, 황-수은 이론을 만들었다.

공했다.

이슬람의 세력이 약화된 12세기 이후에는 서유럽을 중심으로 연금술이 많이 행해졌다. 아랍어로 쓰인 연금술 문헌들이 라틴어로 번역된 것이 이런 변화를 이끈 계기였다. 연금술사들은 자신들이 실제로 금을 만들 수 있게 되면 스스로가 영적으로 완성된 인간이 될 것이라고 믿었다.

중세의 마지막에 이르면 연금술사들은 아세트산과 질산, 황산 등을 발견했고 알코올 증류에도 성공했다. 또한 이런 물질들을 이용해 다양한 화학 반응을 일으키기도 했고, 원소를 분리해 내기도 했다. 이 시기의 연금술은 분명 신비적인 측면이 강했지만, 물질에 관한 이해를 증진시켰다는 점에서는 과학의 특성도 지니고 있었다.

유럽이 중세라는 오랜 터널을 막 지난 15세기 중반에는 고대 그리스의 원전들이 대거 서유럽으로 유입되면서 르네상스가 시작된다. 르네상스 시기의 대표적인 의학자로는 파라셀수스(Paracelsus, 1493~1541)가 있다.

필리푸스 아우레올루스 테오프라스투스 봄바스트 폰 호엔하임이라는 긴 본명을 가진 파라셀수스는 스위스의 한 마을에서 병약하게 태어났다. 콜럼버스가 아메리카 대륙에 발을 디딘 지 1년이 지난 해였다. 파라셀수스는 지역 광산 학교에서 연금술 혹은 야금학을 가르친 아버지의 영향으로 어렸을 때부터 연금술이나 광물의 성질과 질병의 관계 등에 관심이 많았다. 오랫동안 방랑을 하며 유럽 여러 지역의 의학적 지식이나 연금술 지식을 익힌 그는 로마에서 1세기경에 활약했던 의사 켈수스보다 더 위대한 사람이 되겠다는 의미로 자신의 이름을 파라셀수스로 바꾸었다.

파라셀수스는 화학을 기반으로 병을 치료하려는 학문인 의화학이라는 분야를 개척한 것으로 유명하다. 파라셀수스는 체액의 균형을 회복해야만 병이 치료될 수 있다는 이전 세대의 믿음을 버렸다. 그는 적절한 약을 통해 질병을 치료하는 것이 중요하다고 믿었고, 치료 약을 만드는 데 연금술을 이용하고자 했다. 그는 자연에 대한 이해를 바탕으로 의약품을 만들어 내는 것이 연금술의 목표가 되어야 한다고 생각했다.

파라셀수스는 물질의 변환이란 천한 금속을 금으로 바꾸는 이상의 무엇인가를 의미한다고 믿었다. 무엇인가 자연이 본래 만들어 놓은 것을 하소(어떤 물질을 공기 중에서 태워 재로 만드는 일), 승화, 용해, 부패, 증류, 응결, 염색 등의 과정을 이용해 다른 어떤 것으로 만드는 것이 연금술이라고 생각했던 것이다. 그는 모든 화학 변화를 포함하도록 연금술의 범위를 확장시켰다.

파라셀수스는 아리스토텔레스의 4원소설과 자비르 이븐 하이얀의 황-수은설을 모두 받아들였다. 파라셀수스는 물질이 황, 염, 수은의 3원질, 그리고 3원질과 결합된 4원소로 이루어진다고 주장했다. 물질이 황과 수은의

⊙ 파라셀수스 파라셀수스는 병을 치료하는 화학 약품을 만들기 위해 연금술을 이용했다.

결합이라고 보았던 이전의 물질관을 계승하면서, 여기에 제3의 원질로 염을 추가한 것이다. 이때 염은 불에 타지 않는 재나 흙을 나타내고, 황은 불에 타는 성질을 나타내며, 수은은 증발하기 쉽고 금속인 성분을 나타낸다. 파라셀수스에 따르면 나무가 불에 탈 때 나무를 불타게 하는 것은 황, 불꽃을 공급하는 것은 수은, 그리고 남아 있는 재는 염이 된다. 그리고 이 3원질이 어떤 비율로 섞이느냐에 따라 다양한 물질이 만들어진다.

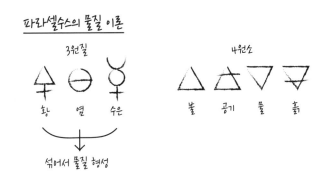

원소 종류가 수십 가지나 된다고?

16~17세기를 거치면서 물질의 본질을 새로운 방식으로 설명하는 철학 사조가 등장했다. 바로 기계적 철학이다. 기계적 철학은 16~17세기 과학혁명 시기에 유행했다. 기계적 철학을 받아들인 자연철학자들은 우주가 톱니바퀴와 같은 거대한 시계처럼 작동하고, 인체도 하나의 기계와 같이 작동한다고 생각했다. 이들은 작은 입자들의 운동과 충돌로 모든 자연 현상을 설명함으로써 자연에 대한 이해 가능성을 높이고자 했다. 로버트 보일(Robert Boyl, 1627~1691)과 같은 자연철학자들은 화학 현상을 설명하는 데 있어서도 기계적 철학을 택함으로써 그 이전까지 연금술을 벗어나지 못하고 있던 화학을 자연철학의 일부로 만들고자 했다.

많은 기계적 철학자들은 이 시기에 고대 그리스의 원자론을 다시 받아들였다. 가장 대표적인 기계적 철학자인 데카르트는 끝내 원자론을 받아들이지 않았지만, 갈릴레오, 피에르 가상디(Pierre Gassendi, 1592~1655), 보일 등은 원자론을 수용했다. 이들 중 최초의 근대 화학자이자 근대 실험과학의 창시자로 알려져 있는 보일은 원자론을 이용해 화학 현상에 대한 기계론적 설명을 하는 과정에서 입자철학(corpuscular philosophy)이라는 철학을 발달시켰다.

보일은 1661년에 출간된 자신의 저서 《회의적 화학자》에서 모든 물질이 서너 가지 원소로 이루어져 있다는 생각을 비판했다. 대신 그는 모든 물질은 작은 입자로 구성되며, 원소들은 이런 입자의 결합으로 만들어진다고 주장했다. 보일에 따르면 원소의 성질은 그것을 구성하는 입자의 크기와 모양, 운동의 차이로 설명할 수 있으며, 화학 반응은 이런 입자들의 재배열 과정이다. 그리고 한 번 만들어진 화합물이 다시 원래의 입자들로 돌아가기는 매우 어렵다.

보일은 아리스토텔레스의 4원소설에 대항할 만한 대안을 제시하지는 못했다. 하지만 화학 반응을 입자들의 재배열 과정으로 설명함으로써 화학 반응에 대한 이해 가능성을 높였다.

보일 이후에도 많은 초기 화학자들이 근본 물질에 대한 생각들을 주장했지만, 근본 물질에 대한 생각을 근대적으로 바꾸어 놓은 사람은 프랑스의 화학자 앙투안 로랑 드 라부아지에(Antonie Laurent de Lavoisier, 1743~1794)였다. 라부아지에는 1789년에 출판한《화학원론》이라는 책에서 4원소설에 종지부를 찍었다. 그는 원소를 '더 이상 분해되지 않는 물질'이라고 정의함으로써 근대적인 원소 개념을 확립했다. 또 그는 당시까지 알려진 모든 원소를 표로 만들어 정리했다.

라부아지에의 원소표는 33개의 원소로 구성되었다. 제1그룹은 빛, 열, 산소, 질소, 수소와 같은 기체로 구성된다. 제2그룹은 산화되어 산을 만드는 원소로 황, 인, 탄소, 염소, 플루오린(플루오르), 붕소와 같은 비금속 물질이다. 제3그룹은 산화되어 염기를 만드는 원소로 금속에 해당한다. 안티모니(안티몬), 은, 비소, 비스무트, 코발트, 구리, 주석, 철, 망가니즈(망간), 수은, 몰리브데넘(몰리브덴), 니켈, 금, 백금, 납, 텅스텐, 아연이 3그룹에 속한다. 제4그룹은 염을 만드는 원소들로, 산소와 결합된 산화물이다. 라부아지에는 생석회(산화 칼슘), 마그네시아(산화 마그네슘), 중정석(황산 바륨), 알루미나(산화 알루미늄), 실리카(이산화 규소)를 4그룹에 포함시켰는데, 이 물질들은 나중에 원소가 아니라 화합물임이 밝혀졌다.

라부아지에는 원소표의 1그룹에 빛과 칼로릭(열)도 포함시켰다. 이것은 당시에는 이상한 생각이 아니었다. 당시까지만 해도 에너지 개념이 전혀 정립되어 있지 않았으므로, 이것들을 원소라고 생각해도 이상하지 않았던 것이다. 또한 라부아지에는 산화 칼슘과 같은 일부 화합물도 원소라고 잘못 기재했는데, 당시에는 이 화합물들을 분리할 수 없었으므로 이 또한 이상한 일이 아니었다. 라부아지에는 원소의 개념을 명확히 했다는 점, 그리고 실험을 통해 원소의 수를 33개까지 확장시켰다는 점에서 원소 개념이 정립되는 데 큰 공헌을 했다고 평가할 수 있다.

근본 물질에 대한 생각은 존 돌턴(John Dalton, 1766~1844)이 모든 원소는 더 이상 쪼갤 수 없는 원자들로 구성되어 있다는 생각을 이론화하면서 큰 전환기를 맞는다. 돌턴은 원소가 질량과 특성을 가진 입자인 원자로 이루어지며, 화합물은 이런 원자들의 결합으로 생성된다고 주장했다. 데모크리토스의 '쪼갤 수 없는 입자'에 대한 생각이 드디어 원자라는 이름으로 공식화된 것이다.

더 이상 분해되지 않는 물질을 원소라고 본 라부아지에의 생각과 돌턴의 원자론을 합쳐서 생각해 보면, 서로 다른 원소는 서로 다른 원자들로 구성된다고 할 수 있다. 이 이론에 따르면 납 조각을 계속 쪼개면 마지막에는 납 원자가 남는다. 마찬가지로 금 조각을 계속 쪼개면 마지막에는 금 원자가 남을 것이다. 납과 금이 진정한 원소라면 납 원자와 금 원자는 서로 달라야 한다. 이런 생각은 납 원소와 금 원소가 왜 서로 다른 성질을 갖는지를 잘 설명해 주었을 뿐만 아니라 연금술사들이 오랫동안 이루고자 했던 원소의 변환은 불가능하다는 결론을 이끌었다.

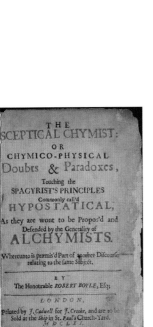

라부아지에의 원소표 《화학원론》에 실린 원소표로, 33개의 원소를 담았다.

《회의적 화학자》 보일은 자신의 저서에서 기존의 연구 방식과 학설을 비판하고 체계적인 화학 실험의 필요성을 주장했다.

과학자들, 물질을 계속해서 쪼개다

오늘날 원소는 '더 이상 간단한 순물질로 분리할 수 없는 물질'을 의미한다. 원소들은 원자라는 입자들로 이루어진다. 라부아지에가 원소 개념을 정립하고 돌턴이 원자론을 내세우면서 근본 물질에 관한 긴 논쟁은 막을 내리는 듯했다. 하지만 그 원자조차도 다시 더 작은 미립자들로 쪼갤 수 있다는 것이 밝혀지는 데는 그리 오랜 시간이 걸리지 않았다.

물리학자들은 원자에서 먼저 전자를 찾아냈고, 다음에는 원자핵을 찾아냈으며, 원자핵이 양성자와 중성자로 이루어졌다는 것도 알아냈다. 과학자들은 핵 속의 양성자와 중성자를 결합시키고 있는 물질이 무엇인지 의문을 던졌다. 과학자들은 양성자는 모두 양전하를 띠고 있기 때문에 이들을 묶어 주기 위해서는 강력한 힘을 매개하는 입자가 필요할 것이라고 생각했고, 이 생각은 중간자(메손)에 대한 연구로 이어졌다. 다음에는 양성자와 중성자가 쿼크와 글루온으로 이루어졌다는 것을 알아냈다.

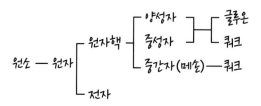

이런 방식으로 물리학자들은 자연계를 구성하는 가장 기본이 되는 입자 12개를 찾아냈다. 그것은 쿼크 6개와 렙톤 6개이다. 그리고 이들 사이의 상호 작용을 매개하는 4개의 매개 입자를 추가로 찾아냈다. 2013년에 이런 입자들에 질량을 부여한다는 힉스 입자까지 찾아냄으로써 과학자들은 물질을 구성하는 17개의 기본 입자를 모두 찾아냈다.

고대 그리스의 자연철학자들은 이 세상의 근본 물질이 1가지 혹은 2가지, 혹은 4가지라고 생각했다. 19세기, 20세기, 21세기를 거치면서 물리학자들과 화학자들은 이 세상의 근본 물질, 즉 원소를 118개나 찾아냈다. 그리고 그 원소들을 이루는 입자들인 원자들마저 많은 미립자들의 모임이라는 사실을 알아냈다. 근본 물질을 찾음으로써 우주 생성의 비밀과 자연의 본질을 알아내고자 하는 과학자들의 다음 여정은 무엇일까?

또 다른 이야기 | 축구공에 담긴 과학적 원리 ⸻⸻⸻⸻⸻⸻⸻⸻

고대 그리스의 철학자 플라톤은 현실의 경험보다는 수학적 원리, 특히 기하학을 통해서 자연의 이치를 깨달을 수 있다고 믿었다. 플라톤은 만물의 근원인 4가지의 원소도 당시까지 알려져 있던 정다면체 모양을 하고 있다고 생각했다. 그래서 그는 흙은 정육면체에, 불은 정사면체에, 물은 정이십면체에, 그리고 공기는 정팔면체에 대응시켰다.

축구공을 만드는 기본 원리도 바로 이 정다면체에 대한 인식에서 출발한다. 아르키메데스(Archimedes, 기원전 287년경~기원전 212)는 플라톤의 정다면체와는 조금 다른 다면체를 발견했는데, 그것은 바로 준정다면체 혹은 아르키메데스의 다면체라고 부르는 것이다. 플라톤의 다면체가 모든 면이 같은 정다각형으로 구성된다면, 아르키메데스의 다면체는 두 종류 이상의 정다각형으로 이루어져 있다.

국제축구연맹(FIFA)에서 공식 시합에 사용하는 공인구를 만들기 시작한 것은 1970년 멕시코 월드컵부터이다. 이때부터 월드컵 공인구를 제작하기 시작한 아디다스는 '깎인 정이십면체'(12개의 검은 오각형과 20개의 흰 육각형으로 구성) 모양의 축구공을 만들었다. 그 후 아디다스는 2006년 독일 월드컵에서는 이전까지와는 달리 '깎인 정팔면체'(8개의 정육각형과 6개의 정사각형으로 구성) 모양의 축구공을 만들었다. 그리고 2014년 브라질 월드컵에서 사용한 공인구인 브라주카는 날개 모양의 패널 6개를 연결해 만들었다.

축구공은 기본적으로 정다면체를 이용해 만들어지며, 아르키메데스의 다면체로 만들어지는 것이 일반적이다. 축구공을 만드는 기본 원리도 고대 과학에 뿌리를 두고 있는 셈이다.

세상을 이루는 근본 물질, 즉 원소를 찾기 위한 여정은 고대 그리스에서부터 시작 되었다. 고대 그리스의 자연철학자들은 만물의 근본을 각각 물, 무한자, 공기, 불, 혹 은 수(數)라고 생각했다. 그중 데모크리토스의 원자론은 오랫동안 묻혀 있다가 17세 기에 다시 받아들여졌으며, 19세기 초 원자론이 등장하자 가장 중요한 물질 이론으 로 재평가받았다. 근대 이전에 가장 영향력 있었던 물질 이론은 네 뿌리 이론으로, 플라톤과 아리스토텔레스의 4원소설로 계승되어 연금술에까지 영향을 미쳤다. 자비 르, 파라셀수스 등은 4원소설을 수용하면서도 자신들만의 생각을 더해 독특한 물질 이론을 만들어 냈다.

　더 이상 분해되지 않는 물질을 원소로 정의한 화학자는 라부아지에로, 당시까지 알려진 33가지 원소를 체계적으로 분류했다. 돌턴은 각 원소들을 이루는 가장 작은 알갱이를 원자라고 정의했지만, 과학자들은 원자를 더 작은 입자로 쪼갤 수 있다는 것을 밝혀냈다. 근본 물질을 찾으려는 과학자들의 노력은 지금도 계속되고 있다.

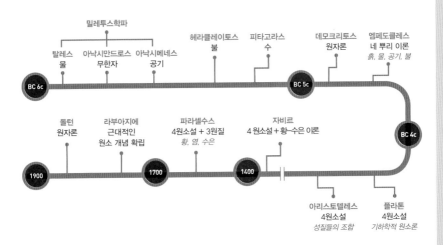

과학, 연금술에서 실험을 받아들이다

실험과 근대 화학

> 자료를 모으기 위한 관찰과 실험, 더 정교한 이론을 위한 귀납법과 연역법.
> 이들만이 유일한 지적 도구이다.
> — 프랜시스 베이컨 —

이론적으로 자연 현상을 연구하는 과학자들도 많이 있지만, 많은 사람들은 '과학'이라고 하면 자연스럽게 실험을 떠올린다. 오늘날에는 실험을 이용해 과학 지식을 만든다는 인식이 보편적으로 퍼져 있다. 우리는 실험과 검증을 통해 생성된 과학 지식에 종종 객관적인 지식이라는 권위를 부여한다.

과학 활동이 처음 등장했을 때부터 실험이 이루어졌던 것은 아니다. 고대 그리스의 자연철학자들은 자연을 실험의 대상이 아니라 관조의 대상으로 생각했다. 자연을 조작이나 실험의 대상으로 여기지 않고, 외부에서 관찰하는 것만으로 그 본질과 진리를 깨달아 나가야 하는 대상으로 여겼던 것이다.

실험을 처음으로 본격적으로 실행했던 사람들은 연금술사였다. 연금술사들은 금을 만들기 위해 다양한 실험을 하는 과정에서 새로운 물질들을 여럿 발견했고, 다양한 실험 기구들도 만들어 냈다.

과학 혁명 시기인 16~17세기를 거치면서 자연철학자들은 실험으로 자연에 대한 지식을 얻을 수 있다는 사실을 인식했다. 그러고는 실험을 통해 얻은 지식도 합리적이라는 것을 증명하기 위해 노력했다. 보일과 같은 자연철학자들의 노력으로 실험은 점차 과학에서 아주 중요한 연구 방식으로 자리잡았다.

금을 만들고 싶었던 연금술사들

고대 그리스의 자연철학자들은 자연을 인위적으로 조작할 수 있다고 생각하지 않았다. 그래서 이들은 실험을 하지 않았다. 더 정확하게 말하면 실험을 하려는 생각 자체가 없었다고 할 수 있다. 그들에게 자연이란 실험의 대상이 아니라 사색과 관조의 대상이었다. 당시에는 사물을 조작하거나 무엇인가를 만들어 내는 일은 자연철학자가 아니라 노예들의 몫이었다. 모든 노동을 노예들이 대신 해 주던 당시 그리스에서 자연철학자가 직접 실험을 하는 것은 천박한 일로 여겨졌다.

아리스토텔레스 같은 고대 그리스 자연철학자들이 죽고 약 2,000년이 지난 17세기가 되어서야 실험은 과학적인 연구 방법으로 인정받았다. 실험이 연구 방법으로 인정받은 시기는 늦었지만, 실험이라는 방법으로 지식을 발견하려는 시도는 고대로부터 계속 있어 왔다.

화학 실험이 최초로 시도된 곳은 알렉산드리아였다. 아리스토텔레스의 제자이기도 했던 알렉산더 대왕(기원전 356~323)은 정복 전쟁을 통해 그리스의 여러 도시 국가들을 통일하고 이후 페르시아 제국까지 정복했다. 그리하여 그는 서쪽으로는 이집트, 동쪽으로는 인도의 서북부에 이르는 대제국을 건설했다.

그 과정에서 알렉산더는 그리스 문화와 페르시아 문화를 융합해 독창적인 문화를 발전시키고자 노력했다. 하지만 알렉산더가 갑자기 죽고 나서 그가 건설했던 대제국은 3개로 분열되었다. 3개의 제국 중 하나였던 프톨레마이오스 왕조는 오늘날 이집트 지역을 다스렸고, 알렉산더가 이집트의 나일강 입구에 세운 도시 알렉산드리아는 학문의 중심지로 떠올랐

○ 〈현자의 돌을 찾아서〉 조지프 라이트가 그린 작품이다. 헤니히 브란트라는 연금술사가 1669년에 오줌을 가열해 인을 발견하는 장면이다.

다. 국가의 전폭적인 후원을 받은 알렉산드리아에는 무세이온이라는 연구소가 세워졌고, 유클리드, 아르키메데스, 프톨레마이오스와 같은 고대 최고의 학자들이 이곳에서 활동했다.

바로 이곳 알렉산드리아에서는 고대 그리스의 자연철학과 페르시아의 신비주의, 그리고 이집트의 기술이 합쳐져 연금술이라는 초기 화학 실험이 탄생했다. 오늘날의 관점에서 돌아보면 '연금술이 과연 과학일까?', 또는 '금을 만들기 위한 연금술사들의 행위를 실험이라고 할 수 있을까?' 하는 의문이 들 수도 있다. 하지만 한 원소를 다른 원소로 변환시키겠다는 목표로 시행착오를 거듭했던 연금술사들이 과학 지식 발견에 끼친 공헌까지 부정할 수는 없을 것이다.

연금술사들은 구리 같은 싼 금속을 금으로 변환시키기 위해 먼저 그 금속의 형상을 없애서 죽은 물질로 만들고자 했다. 사물이 질료와 형상으로 이루어졌다는 아리스토텔레스의 주장을 받아들였던 연금술사들은 물질의 형상을 바꿔서 한 물질을 다른 물질로 변환하려고 했다.

금속의 형상을 없애기 위한 첫 단계는 흑색화(흑화)라고 부르는 단계였다. 연금술사들은 흑색화 다음 단계인 백색화(백화)나 황색화(황화) 단계에서는 금이 생성되고, 마지막 단계에서는 광택화가 일어난다고 믿었다.

알렉산드리아의 연금술사들은 구리나 납을 황과 반응시켜 황화 구리나 황화 납을 만듦으로써 흑색화를 이룰 수 있었다. 이들은 케로타키스라는 장치를 이용해 금속을 흑색화시켰다. 구리 같은 싼 금속을 케로타키스의 윗부분에 매달고 그 아래 황을 놓은 다음 불로 가열하면 황 증기가 구리와 결합해 황화 구리가 생성되면서 구리가 검게 변했다.

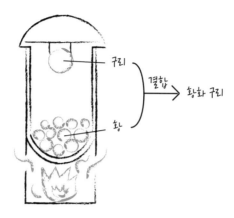

흑색화의 다음 단계인 백색화를 위해서는 황화 비소가, 황색화에는 폴리 황화 칼슘(석회석, 황, 식초를 가열해 제조)이 사용되었다. 이러한 방법으로 고대의 연금술사들은 황동을 만들었고, 그렇게 만들어진 황동은 구리보다 6배나 비싼 값을 받을 수 있었다.

연금술사들은 금속 변환을 시도하는 과정에서 많은 도구들을 만들어 냈다. 증류기, 난로, 중탕냄비, 비커, 여과기 등이 이들이 만든 실험 기구들이다. 연금술사들은 실험 기구만이 아니라 다양한 화학 실험 기법도 개발했다. 용해, 거름, 결정화, 승화 그리고 증류와 같은 방법이다.

알렉산드리아를 중심으로 이루어졌던 고대 그리스의 초기 실험 활동은 기독교의 세력이 확장되고 기독교가 국교화된 이후로 점차 쇠퇴했다. 하지만 알렉산드리아 과학의 뿌리와 방법은 사라지지 않고 알렉산드리아의 다음 정복 세력에게로 고스란히 전해진다. 바로 이슬람인들이다. 이슬람은 622년에 마호메트가 메카에서 창시한 종교인데, 그 세력을 급속도로

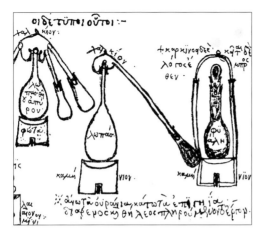

○ 증류 장치 기원전 3세기경에 활동한 조시모스라는 연금술사가 사용한 증류 장치이다.

확장해 632년에는 아라비아반도를 통일했으며, 661년에는 시리아, 팔레스타인, 페르시아, 이집트까지 세력을 확장했고, 750년경에는 스페인까지 정복하면서 이슬람 제국을 건설했다.

이슬람은 세력을 확장해 제국을 형성하며 각 지역의 학문과 문화를 흡수하는 개방적인 정책을 폈다. 이슬람의 수도 바그다드는 학문의 중심이 되었고, 이슬람인들에게 전해진 고대 그리스의 문헌들은 이곳에서 아랍어로 번역되었다. 이 과정에서 알렉산드리아의 연금술 문헌도 번역되었고, 이 문헌들은 이후 이슬람 세계가 뛰어난 연금술사들을 배출하는 토대가 되었다.

이슬람의 연금술사들은 실험의 중요성을 강조했다. 이들은 여러 물질들의 양을 측정하고, 물질들을 증류해 분리한 다음, 분리한 물질들을 혼합해서 새로운 물질을 제조하고, 마지막 단계에서는 그 새로운 물질을 분류하거나 분석하는 방식을 반복했다. 실제로 연금술의 이런 연구 방식은 근

○ 이슬람의 연금술 10세기경 이슬람에서 활동했던 연금술사 이븐 우마일을 그린 그림이다. 우마일이 들고 있는 석판에 고대 연금술의 상징이 그려져 있다.

대 화학의 모습과 크게 다르지 않다. 이슬람 연금술사들의 체계적인 연구 방식은 유럽 근대 화학자들이 행했던 실험의 기원이 되었다.

이슬람 연금술의 아버지로 불리는 연금술사 자비르 이븐 하이얀은 실험 성공의 비결이 체계적인 반복에 있음을 특히 강조했다. 아리스토텔레스에 따르면 물은 차가움과 습한 성질이 결합되어 만들어진다. 자비르는 아리스토텔레스의 생각을 받아들였다. 그래서 물을 반복적으로 증류해 순수한 냉의 성질만 남기려고 했다. 그는 물을 70번 증류하고, 다시 건조제를 넣어 700번을 증류하면 순수한 냉의 성질만을 가진 빛나는 백색 고체를 얻을 수 있을 것이라고 생각했다. 1가지 성질로만 이루어진 순수한 물질을 얻은 다음 이 물질들을 올바른 비율로 결합시키면, 천한 금속을 고귀한 금속으로 전환시켜 주는 현자의 돌(philosopher's stone)을 만들 수 있

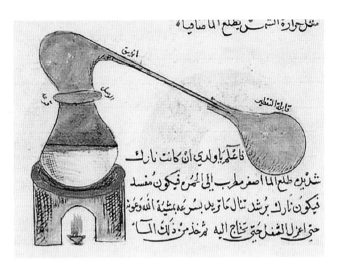

❍ **자비르의 증류기** 자비르가 직접 만들어 사용한 증류기로, 오늘날의 증류기와 원리가 같다.

다고 믿었기에 행해진 시도였다.

　이슬람 연금술사들이 개발한 실험 기술 중에서 가장 중요한 것은 증류 기술이다. 증류란 어떤 액체 혼합물을 가열해 끓는점이 낮은 액체를 기체 상태로 변환시킨 다음, 그 기체를 다시 냉각시켜서 액체 상태로 만들어 자신이 원하는 액체 물질만을 분리해 내는 방법이다. 예를 들어 알코올과 물이 섞여 있는 혼합 용액이 있을 때 이 혼합 용액을 가열하면 끓는점이 더 낮은 알코올이 먼저 기체로 분리되어 나온다. 기체 상태의 알코올을 냉각해 다시 액체로 만들면 순수한 알코올을 얻을 수 있다. 이슬람 연금술사들은 증류를 통해 순수한 아세트산, 질산, 황산 등을 분리해 냈다.

　자비르와 같은 이슬람 연금술사들은 증류 외에도 용해, 결정, 응고, 하소, 승화, 산화, 증발, 여과 등과 같은 기법을 개발했고, 자신들의 실험 방법이나 여러 화학 물질 제조법을 저서로 남겼다. 이들이 남긴 기법은 오늘날에도 재연이 가능하며, 이들이 알아냈던 물질의 화학적 성질이나 원소 목록은 오늘날에도 화학에서 이용되고 있다.

중세 후반에 이슬람의 세력이 약화되면서 이슬람인들이 축적하고 발전시킨 실험 기술과 결과물들은 서유럽으로 전해졌고, 연금술 전통은 서유럽에서 계속 이어졌다. 12세기가 되면 유럽의 연금술사들은 포도주를 증류하고, 알코올을 더욱더 농축시킬 수 있는 방법을 찾아내기에 이르렀다. 유럽 연금술의 전성기에는 유럽의 많은 귀족과 왕이 연금술 연구를 후원하기도 했다. 예를 들어 신성 로마 제국의 황제였던 루돌프 2세는 프라하에 연금술사들의 거리인 '금의 거리'를 만들 정도로 연금술 연구를 적극적으로 후원했다.

이 시기에는 천한 금속을 금으로 변환할 수 있는 방법을 알아냈다고 하면 많은 후원을 받을 수 있었기 때문에 이를 이용하려는 사기꾼 연금술사도 많이 등장했다. 유럽의 어떤 연금술사는 반은 금, 반은 철로 된 못을 만들어, 금 부분을 검은 페인트로 칠한 다음, 사람들 앞에서 못을 용매에 담가 페인트를 제거하는 눈속임을 이용해 금 제조법을 알아낸 것처럼 사기를 치기도 했다. 또 철을 금으로 만들 수 있다고 속여 대량의 철을 후원받았지만 결국 금속 변환에 실패했던 어떤 연금술사는 금박을 입혀 반짝거리게 만든 교수대에서 죽임을 당하기도 했다. 이런 사기꾼 연금술사들은 연금술에 대한 좋지 않은 인식이 확산되고 연금술사들이 조롱의 대상이 되는 데 일조했다.

연금술사들은 결국 현자의 돌을 찾지 못했다. 천한 금속을 금으로 바꾸지도 못했다. 하지만 연금술사의 실험과 이들이 발견한 여러 화학 물질은 근대 화학이 발전하는 토대가 되었다. 그들은 가마, 증류기, 플라스크, 시약병, 여과기 등의 실험 기구들을 만들었을 뿐만 아니라 증발, 증류, 결정, 침전, 연소 등과 같은 실험 기술들을 발견했다. 또 연금술사들은 여러 가지 화학 물질들을 발견하거나 제조했다. 알코올, 에테르, 아세트산, 질산, 황산, 왕수(염산과 질산을 혼합해 만든 노란색 액체. 금과 같은 귀금속을 녹인다고 해서 '물의 왕'이라는 이름이 붙었다.), 백반, 염화 암모늄, 질산 은, 비누, 알칼리와 같은 물질들이 바로 그것이다. 연금술은 이처럼 근대 화학이 발전하는 데 큰 역할을 했다.

연금술을 자연철학, 즉 과학이라고 할 수 있느냐에 대해서는 지금도 논쟁이 계속되고 있다. 연금술을 과학이라고 정의하기를 주저하는 사람들은 연금술의 목표가 자연 자체를 이해해 자연에 대한 체계적 지식을 만드는 데 있지 않았다는 점을 이유로 든다. 천하고 흔한 금속을 금으로 변환시키겠다는 연금술사들의 실용적 목표와 순수한 과학적 목표는 서로 다르다고 보는 것이다.

또한 연금술사들의 실험에 비술적인 요소들이 많았고, 연금술에서 비롯된 정보가 매우 모호하다는 점도 논란을 낳은 요소이다. 연금술에 내포된 신비주의적인 색채들은 연금술을 과학에 포함시키는 것을 오랫동안 주저하게 만들었고, 연금술을 일종의 영적 활동으로 평가하도록 하는 요인이 되었다.

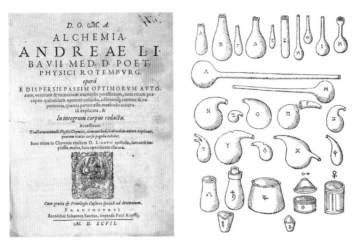

○ 《연금술》 초판본(좌)과 리바비우스의 실험 기구(우) 《연금술》은 1597년에 출간되었다. 오른쪽 그림은 《연금술》 제2판에 실린 화학 실험 기구들이다.

신비주의적인 연금술이 자연을 분석하는 화학으로 바뀌다

최초의 진정한 화학 교과서는 독일의 의사이자 화학자이자 시인이자 교수였던 안드레아스 리바비우스(Andreas Libavius, 1540~1616)가 지은 《연금술》로 알려져 있다. 최초의 화학 전문 도서 제목이 《연금술》이라는 사실이 재미있다.

1597년에 출간된 이 책에서 리바비우스는 화학 반응 과정에 대한 정확한 묘사를 통해 물체의 구성과 속성을 설명했다. 또한 다양한 화학 물질을 얻는 방법과 화학 물질을 순수하게 분리하는 법, 시금(광석 속에 들어 있는 귀금속의 비율을 알아내는 방법), 광물과 금속 분석법, 제약법 등도 알려 준다. 그뿐만 아니라 리바비우스는 물질들이 결합할 때 일어나는 화학 변화들, 합금의 성분을 측정하는 방법, 저울과 추의 사용법, 여러 가지 실험 기

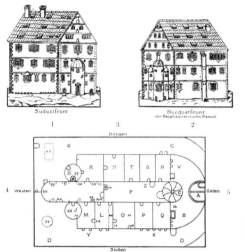

● 화학의 집 리바비우스가 생각한 이상적인 화학 연구 장소이다.

구들의 제조법과 사용법도 구체적으로 기술했다. 비록 책의 제목은《연금술》이었지만, 다루는 내용은 근대 화학 교과서들과 별로 다르지 않음을 알 수 있다.

리바비우스의《연금술》제2판에는 그가 꿈꾸었던 화학의 집 설계도가 들어 있다. 화학의 집은 주 실험실, 약품 창고, 준비실, 실험 조수실, 결정화 및 동결용 방, 모래 중탕과 물중탕 방, 연료 창고, 전시실, 정원, 산책로 및 포도주 창고 등을 갖추도록 설계되었다.

화학의 집에는 화학을 독자적인 과학의 한 분야로 만들고자 했던 리바비우스의 의지가 그대로 드러나 있다. 이 설계도에서 리바비우스는 화학 실험실을 화학자들이 살고 있는 건물 안에 위치시켰다. 그는 화학이라는 학문이 기존에 연금술사들이 그랬던 것처럼 은둔 상태에서 개인적으로 실행되는 학문이 되기를 바라지 않았다. 대신 자유로운 연구가 보장되면서도 사회와 어우러지고 또 대중적으로 봉사할 수도 있는 빛의 학문이 되기를 바랐다.

리바비우스가 근대 화학적인 지식을 탐구하고 정리했음에도 불구하고, 그는 여전히 사상의 뿌리를 연금술에 두고 있었다. 리바비우스는 동시대 다른 사람들이 그랬던 것처럼 천한 금속을 금으로 변환할 수 있다고 믿었으며, 화학 변화를 연금술적 의미의 원소 변환이라고 생각했다.

리바비우스보다 조금 후에 살았던 브뤼셀 출신의 화학자이자 의사 얀 밥티스트 판 헬몬트(Jan Baptist Van Helmont, 1577~1644)도 리바비우스처럼 오늘날 화학이라고 부르는 영역과 연금술 사이를 넘나드는 모습을 보였다. 헬몬트는 4원소설이나 3원소설을 거부하고, 물과 공기 2가지가 모든 물질의 기본 물질이라고 생각했다. 그는 물과 공기 중에서도 물이야말로 가장 근본이 되는 물질이라고 여겼다. 공기는 다른 물질로 변환될 수 없다고 생각했기 때문이다. 헬몬트는 물이 심어 준 영적 씨앗에서 모든 물질이 생겨난다고 믿었다.

헬몬트가 활동한 17세기 초는 실험과 수학적 정량화가 과학의 중요한 방법론으로 막 떠오른 때였다. 헬몬트는 물이 모든 물질의 근본이라는 것을 보여 주기 위해 '버드나무 실험'을 계획하고 실시했다. 이 실험은 정확한 측정이 아주 중요한 실험이었다.

헬몬트는 먼저 말린 흙 200파운드의 무게를 잰 다음, 이 흙을 증류수로 적신 후 여기에 5파운드짜리 버드나무를 심었다. 5년간 꾸준히 물을 준 다음에 측정한 결과 나무의 무게는 169파운드로 증가했지만, 말린 흙의 무

게는 여전히 200파운드 그대로였다. 헬몬트는 나무의 무게가 164파운드
만큼 증가한 것은 물을 수단으로 해서 심어진 영적 씨앗이 나무로 바뀌었
기 때문이라고 생각했다.

헬몬트는 영적 씨앗을 찾기 위해 고체나 액체가 연소할 때 생기는 기체
들을 화학적으로 연구하기도 했다. 그는 이런 기체에 최초로 '가스'라는
이름을 붙였다. 헬몬트는 숯 62파운드를 가열하면 1파운드의 재만 남는다
는 것을 알아냈고, 그 이유가 이산화탄소 기체 61파운드가 탈출했기 때문
이라고 설명했다. 헬몬트는 이처럼 정확한 측정을 바탕으로 물질 변화를
설명하고자 했다는 점에서 연금술을 화학으로 전환시키는 데 큰 역할을
했다. 헬몬트는 스스로를 '불의 철학자'라고 칭하면서 생애의 대부분을 화
학 연구에 몰두했다. 기체에 관한 헬몬트의 연구는 이후 로버트 보일의 기
체 연구에 큰 영향을 주었다.

근대 유럽, 과학에 실험을 도입하다

오늘날과 비슷한 형태의 실험과학은 17세기에 등장했다. 17세기는 과학 혁명이라는 거대한 변화의 한복판에 있었다. 이 시기에는 우주의 구조에 대한 사람들의 믿음이 바뀌었고, 물체의 운동을 나타내는 방식과 과학을 실행하는 방법도 크게 달라지고 있었다. 과학 혁명 시기는 고대와 중세의 과학이 오늘날과 같은 근대 과학의 모습을 갖추기 시작한 때였다.

과학 혁명 시기의 자연철학자는 이전 세대의 자연철학자와는 매우 다른 자연관을 가지고 있었다. 자연을 더 이상 관조의 대상으로만 여기지 않게 된 것이다. 헤르메스주의와 자연마술, 연금술의 영향으로 사람들은 자연을 경험과 조작의 대상으로 여기기 시작했다.

실험이라는 행위는 자연을 조작해 인공적인 환경을 만드는 일이었기 때문에 자연철학자들에게는 익숙하지 않은 연구 방법이었다. 이전에는 실험처럼 손을 이용해 작업하는 것은 장인이나 연금술사나 하는 일이라는 인식이 있었다. 하지만 과학 혁명을 거치며 자연철학자들은 실험을 통해서도 과학 지식을 생산해 낼 수 있다고 생각하기 시작했다. 실험처럼 인위적이고 의도적인 조작을 통해 얻은 지식도 자연의 체계를 설명하는 보편적인 지식으로 인정해야 한다는 인식이 퍼진 것이다.

제임스 1세 시절에 영국의 대법관을 지내기도 했던 프랜시스 베이컨 (Francis Bacon, 1561~1626)과 같은 사상가는 이 변화를 견인할 동기와 논리를 제공했다. 베이컨은 당시 대학교에서 가르치던 아리스토텔레스 철학이 자신과 맞지 않는다는 이유로 재학 중이던 케임브리지 대학교를 그만둘 만큼 아리스토텔레스 철학과의 결별을 원했다. 아리스토텔레스의 자연철학이 관조를 중시하고 실용적인 지식을 낮게 보았던 것에 반해 베이컨은 진리와 실용성을 동일시할 정도로 지식의 유용성을 높게 평가했다.

베이컨에게 자연철학이란 학자들이 협동을 통해 인류의 복지를 증진시킬 수 있는 유용한 지식을 만드는 것이었다. 그는 지식을 얻기 위해서는 직접적 경험과 실험이 중요하다고 강조했다. 이런 생각을 반영한 베이컨의 저술들은 17세기 중반에 영국에서 경험적이고 유용성을 추구하는 연구를 이끈 원동력이 되었다. 또한 현존하는 가장 오래된 과학 단체인 런던 왕립 학회의 설립에도 큰 영향을 미쳤다.

베이컨의 사상은 1620년에 출판한 《노붐 오르가눔》에 잘 드러난다. 이 책은 '새로운 논리학' 또는 '신기관'이라는 이름으로도 번역되는데, 베이컨은 이 책에서 과학적 지식을 만드는 새로운 방법을 제시했다. 바로 귀납법이다. 아리스토텔레스는 주로 명제를 만든 뒤 개별적인 사실들을 추론해 나가는 연역법을 이용했다. 하지만 귀납법은 이와 달리 개별적인 사건들로부터 보편적이고 일반적인 원리를 끌어내어 지식을 만드는 방법이다.

베이컨은 귀납법을 이용하는 과정에서 오류가 생길 것을 우려해, 개별적인 사실들을 엄밀하게 수집·분류·분석·종합할 것을 요구했다. 또한 이를 위해 각 과정에서 실험을 적극적으로 이용해야 한다고 주장했다. 베이컨은 이런 과정에서 학자들이 조직적으로 협동 작업을 하면 지식의 진보를 이룰 수 있다고 생각했다.

연역법 : 명제 → 개별 사실 추론
귀납법 : 실험, 예시, 사실 → 보편적 원리

과학이 인류에게 큰 이익을 주고 세상을 진보시킬 것이라고 믿었던 베이컨의 생각은 그가 죽은 후에 출판된 소설 《새로운 아틀란티스》에 잘 나타나 있다. 이 책에 등장하는 벤살렘 왕국은 베이컨이 생각했던 이상적인 사회를 나타낸다. 베이컨에게 이상적 사회란 과학기술이 고도로 발전한 사회였다.

이 이상적인 왕국에는 솔로몬의 집이라는 학술원이 있는데, 이 학술원이 세워진 목적은 사물의 숨겨진 원인과 작용을 탐구하고 인간의 목적에 맞게 사물을 변화시키는 연구를 하는 것이다. 학술원에는 천문대, 화학 실험실, 동물 복제 연구실, 생명 연장 식품 연구실, 각종 기계 등이 갖추어져 있다. 학술 회원들은 세계를 돌아다니며 사실들을 수집하는 사람, 새로운 사실을 만들기 위해 실험을 수행하는 사람, 이론을 정립하는 사람(베이컨은 이들을 자연의 해석자라고 불렀다.) 등으로 나뉘어 협동 작업으로 과학 지식을 만들어 낸다.

베이컨 등의 자연철학자는 이처럼 실험을 과학 연구에 도입하려고 했다. 하지만 실험이 일상적인 경험에 바탕을 둔 행위가 아니었기 때문에 당시 사람들이 실험이라는 새로운 방법을 받아들이기는 그리 쉬운 일이 아니었다. 그래서 17세기의 자연철학자들은 자신들의 실험이 일상적인 보통의 경험과 다르지 않다는 것을 알리기 위해 노력했다.

과학 혁명 이전까지 자연철학자의 임무는 누구나 일상적으로 경험하는 사실들에 대해서 '왜'라는 질문을 던지고 그에 대해 답하는 것이라고 여겨졌다. '해가 동쪽에서 떠서 서쪽으로 진다.'거나 '무거운 물체는 아래로 떨어진다.'와 같은 경험은 누구나 일상적으로 하는 경험이기 때문에 현상 자체에 대해서는 설명할 필요가 없었다. 대신 누가 보아도 자명해 보이는 이러한 일상적 현상들이 왜 일어나는지 그 원인을 설명하는 것이 중요했다. 하지만 과학 혁명을 거치면서 지식을 생산하는 방법이 크게 바뀌었다. 과학 혁명 시기의 자연철학자들에게는 실험과 실험실이라는 인위적 환경에서 얻은 지식이 일상적인 경험을 통해 얻은 지식과 그리 다르지 않다는 것을 보여 주는 것이 중요해졌다.

자연철학자들은 실험으로 얻은 결과가 보편적이라는 것을 보여 주기 위해 다양한 방법을 이용했다. 갈릴레오는 경사면을 사용해서 '100번도 넘게' 직접 실험을 했으며, 자신이 세운 자유 낙하의 원리와 실험 결과가 일치한다는 것을 강조했다. 자신이 실험으로 얻은 지식이 여러 번의 반복 끝에 나온 결과라고 주장함으로써 실험이라는 행위를 보다 더 일상적인 것으로 만들고자 했던 것이다. 그래야 실험을 통해 얻은 지식도 진정한 지식으로 받아들여질 것이라고 믿었기 때문이었다.

기압 연구로 유명한 블레즈 파스칼(Blaise Pascal, 1623~1662)도 비슷한 방법을 이용했다. 파스칼에게 영향을 준 실험은 갈릴레오의 제자였던 에반젤리스타 토리첼리(Evangelista Torricelli, 1608~1647)가 1643년에 실시했던 수은 기둥 실험이었다. 토리첼리는 길이가 약 1m인 유리관에 수은을 가득 채운 다음, 이 유리관을 수은이 든 수조에 거꾸로 세우면 약 76cm 높이의 수은 기둥이 만들어지며 유리관 윗부분은 진공이 된다는 사실을 알아냈다. 토리첼리는 수은 기둥의 높이를 지탱하는 힘이 공기의 압력에서 나온다고 생각했다.

토리첼리의 실험에서 영감을 얻은 파스칼은 고도가 높아질수록 기압이

◆ 로버트 보일 **로버트 보일은 최초의 근대 화학자이자 실험과학의 창시자로 알려져 있다.**

낮아질 것이라고 주장했다. 파스칼은 자신의 가설을 증명하기 위해 1648년에 '파스칼의 실험'을 실시했다. 그는 수은 기압계를 들고 직접 높은 산에 올라가 고도에 따른 수은 기둥의 높이 변화를 측정했다.

파스칼은 실험 결과를 서술하면서 등산과 하산을 하는 과정에서 만난 목격자들의 이름, 다양한 높이의 장소에서 행한 실험의 결과 등을 자세히 기록했다. 이를 통해 파스칼은 모든 측정 결과가 틀림이 없다는 점을 강조했을 뿐만 아니라 높이와 기압의 관계, 기압과 수은 기둥 높이와의 관계에 대한 자신의 가설을 정당화하는 데 실험 결과를 이용했다.

실험이야말로 자연에 관한 지식을 생산하는 최고의 방법이라고 강조했던 보일은 실험에 대한 증인, 즉 목격자 수를 늘리는 전략을 이용했다. 그는 신뢰할 만한 사람들을 특정한 시각, 특정한 장소에 모은 다음 그들 앞에서 실험을 했다. 이때 목격자는 실험을 신뢰성 있게 보고할 수 있고, 실험 결과를 객관적으로 평가할 능력이 있는 사람이어야 했다. 그래서 보일은 신사들(gentlemen)만이 실험의 목격자가 될 자격이 있다고 생각했다.

보일이 택한 또 하나의 방법은 가상 목격자의 수를 늘림으로써 실험 결과 알아낸 사실들이 더 많이 전파되도록 하는 것이었다. 그는 특정한 시각, 특정한 장소에서 행한 실험에 대한 자세한 보고서를 작성해 유럽 여러 나라의 자연철학자들에게 보냄으로써 가상 목격자의 수를 늘리고자 했다. 보일은 실험 보고서를 쓸 때 언제, 어디에서, 어떤 방식으로 실험을 했는지 뿐만 아니라 누가 목격자로 참석했으며 실험은 몇 번 반복해서 실시했는지 등을 아주 자세하게 기록했다. 그는 성공한 실험뿐만 아니라 실패한 실험도 자세히 기록함으로써 실험에 대한 신뢰성을 확보했다. 보일의 보고서를 받은 학자들은 보고서를 읽음으로써 보일 실험에 대한 가상의 목격자가 되었다.

실제 목격자 확보   가상 목격자 확보

실험 도구, 과학 발견에서 핵심적인 역할을 맡다

16~17세기를 거치면서 자연철학자들은 실험을 이용해 새로운 지식을 확립하는 데 실험 도구의 역할이 매우 중요하다는 사실을 깨달았다. 실험 도구들은 어떠한 현상이 자연적으로 발생할 때를 기다리던 자연철학자들에게 언제 어디서나 인위적으로 원하는 환경을 만들 수 있도록 해 주었다. 그 한 예로 1654년경에 독일의 공학자이자 발명가인 오토 폰 게리케(Otto von Guericke, 1602~1686)가 만든 공기 펌프를 들 수 있다.

마그데부르크시의 시장이었던 게리케는 공기 펌프를 이용해 오늘날 '마그데부르크 반구 실험'이라고 불리는 유명한 실험을 군중들 앞에서 시연했다. 이 시연에는 당시 독일 황제였던 페르디난트 3세도 참석해 실험을 관람했다.

게리케는 2개의 구리 반구를 결합한 다음 대장장이의 도움을 받아 반구 안에 들어 있는 공기를 모두 빼냈다. 그러자 지름이 약 35cm에 불과한 구리 반구는 양쪽에서 각각 8마리나 되는 말들이 당겨도 떨어지지 않았다. 이때 구리 반구에 가해진 대기압의 크기는 약 4.5t에 달했다고 한다. 이 실험은 인공적으로 진공 상태를 만듦으로써 대기압이 얼마나 강한지를 잘 보여 준 실험이었다.

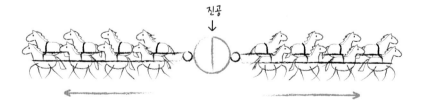

○ 공기 펌프 보일의 조수인 훅이 만든 공기 펌프를 재현해 놓았다.

마그데부르크 반구 실험을 전해 들은 보일은 공기 펌프를 개량하기 시
작했다. 1627년 아일랜드에서 대법관의 열네 번째 아이로 태어난 보일은
일찍부터 갈릴레오나 데카르트의 책을 읽으면서 실험의 중요성을 깨달았
고 기계적 철학의 매력에 빠져들었다. 이후 영국 옥스퍼드에 정착한 보일
은 자신의 집에 실험실을 차리고, 옥스퍼드 대학교 학생이었던 젊은 로버
트 훅(Robert Hooke, 1635~1703)을 실험 조수로 고용한다.

훅은 1650년대 후반에 독특한 형태의 공기 펌프를 만들었다. 보일은 훅
이 만든 공기 펌프를 이용해 공기의 여러 성질을 알아냈다. 이 공기 펌프
는 피스톤을 위아래로 반복해서 움직이고 꼭지와 밸브를 조절해 공기가
유리통 밖으로 빠져나가도록 만든 장치였다.

보일은 공기 펌프를 진공으로 만든 다음 그 안에서 여러 실험을 진행

했고, 이런 일련의 실험들을 통해 공기에 대한 여러 가지 지식을 알아냈다. 보일의 실험 중에 기압과 수은 기둥 높이에 관한 실험이 있다. 보일은 공기 펌프에 토리첼리의 수은 기둥을 넣고 펌프에서 공기를 빼내면 수은 기둥의 높이도 낮아질 것이라고 생각했다. 실제로 공기 펌프에서 공기를 빼내 펌프 안이 진공에 가까워질 때마다 수은 기둥의 높이는 점점 낮아졌다. 반대로 공기를 다시 넣자 수은 기둥은 다시 높아졌다.

보일은 이 실험을 설명하기 위해 공기의 압력, 탄성 개념을 도입했다. 그는 공기 펌프의 공기를 밖으로 빼내면 공기의 압력 혹은 탄성이 약해져서 수은 기둥을 받치는 힘이 약해진다고 해석했다. 보일은 이렇게 실험으로 자연에 기계적인 조작을 가함으로써 기압 개념을 정립했다.

보일은 J자관을 이용한 실험을 통해 '보일의 법칙'을 알아냈다. 보일은 J자관의 열린 쪽으로 수은을 부어 짧은 쪽 관 윗부분에 공기를 가뒀다. 보일이 수은을 더 붓자 윗부분에 갇힌 공기의 부피는 감소했다. 반복적인 실험 끝에 보일은 1662년, 공기의 부피는 압력에 반비례한다는 '보일의 법칙'을 발견했다.

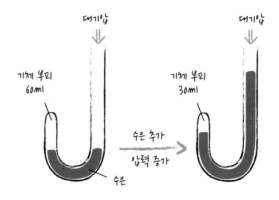

J자관과 수은을 이용한 이 실험을 바탕으로 보일은 기체가 작고 단단한 입자들로 구성되어 있다고 주장했는데, 이는 불완전한 형태의 원자론이라고도 볼 수 있다. 보일은 기체의 압력이 증가하면 부피가 감소하는 이유에 대해서 압력이 증가하면 기체 입자들 사이의 거리가 가까워지기 때문이라고 설명했다.

보일은 또한 공기 펌프를 이용해 연소가 일어날 때 공기가 어떤 역할을 하는지도 밝혀냈다. 보일은 공기를 제거하면 불꽃이 꺼지고 그 안에 들어 있는 동물들이 죽는다는 것을 밝힘으로써 공기가 연소와 호흡에 중요한 작용을 한다는 사실도 알아냈다.

과학 혁명 시기에 실험을 이용해 자연에 관한 지식을 확립한 사람은 보일만이 아니다. 갈릴레오는 공을 굴리는 실험을 통해 자유 낙하 법칙을 찾아냈고, 윌리엄 하비는 팔을 묶는 결찰사 실험을 통해 혈액 순환 이론을 증명했으며, 아이작 뉴턴은 프리즘 실험을 통해 빛의 기본 성질을 알아냈다.

실험을 통해 자연에 관한 지식들을 생산해 낼 수 있다는 생각에 반대가 없었던 것은 아니었다. 실험을 통해 지식을 알아내는 것보다는 관찰한 사실들의 원인에 대해 답하는 것이 자신들의 임무라고 믿는 자연철학자들이 여전히 존재했기 때문이었다. 하지만 17세기를 지나면서 실험을 통해 쌓인 지식의 권위는 점차 커졌고, 실험은 과학을 실행하는 아주 중요한 행위로 자리 잡았다.

실험, 공평하고 객관적인 지식을 생산하는 방법

기계적 철학자였던 보일은 물질의 기계적 속성을 이해하기 위한 방편으로 화학 실험을 실시했다. 16~17세기에 화학과 관련된 일을 했던 많은 사람들은 자신들이 새롭고 중요한 일을 하고 있다고 생각했다.

실험을 통해 자연에 관한 사실적 지식을 축적하는 방법은 오늘날의 과학에서 아주 중요하다. 자연의 원리와 체계를 알아 가는 데 실험을 이용하는 것은 17세기 과학에서 일어난 중요한 변화이고, 그러한 변화를 이끌어 낸 보일은 최초의 실험철학자이자 근대 화학의 아버지라고 불린다. 공기에 관한 보일의 연구는 18~19세기를 거치며 라부아지에, 돌턴, 아보가드로 등이 원자와 분자 개념을 발견하는 데 중요한 토대가 되었다.

17세기의 유럽 사회는 구교와 신교 사이에서 벌어진 30년 전쟁(1618~1648)의 여파로 매우 피폐하고 불안했다. 이런 불안한 상황에서 많은 지식인들은 보다 확실하고 객관적인 지식을 만들어 내 종교적·정치적 갈등을 치유하고자 했다. 보일과 같은 실험철학자들은 실험이라는 행위를 이용해 객관적인 사실을 공정한 방법으로 생산해 냄으로써 지식 생산의 모범이 되고자 했다.

오늘날 과학자들은 실험실에서 사실적 지식을 생산한 다음, 학회라는 공동체를 통해 이런 지식들을 동료들 사이에서 검증받고, 검증에 통과한 지식들은 출판을 통해 널리 알린다. 이와 같은 과학적 지식의 생산, 검증, 유포 과정은 과학 혁명 시기에 있었던 보일과 같은 많은 실험철학자들의 노력으로부터 시작되었다.

오늘날의 과학 실험 도구

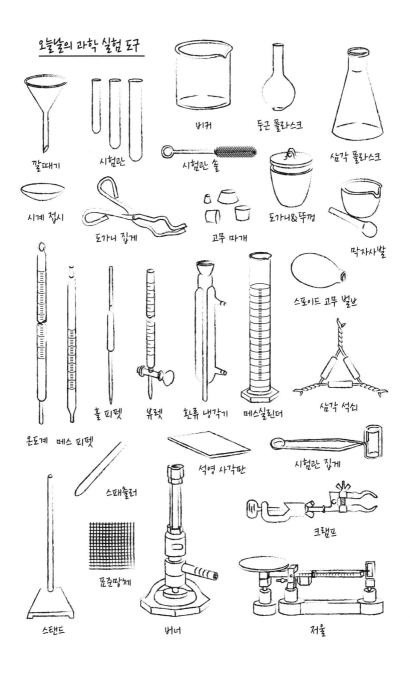

깔때기

시험관

비커

둥근 플라스크

삼각 플라스크

시험관 솔

시계 접시

도가니 집게

고무 마개

도가니&뚜껑

막자사발

스포이드 고무 벌브

온도계 메스 피펫

홀 피펫

뷰렛

환류 냉각기

메스실린더

삼각 석쇠

석영 사각판

시험관 집게

스패츌러

크램프

금속망체

스탠드

버너

저울

보일이나 토리첼리, 파스칼 등은 16~17세기 과학 혁명 시기에 유럽에서 활약했던 유명한 실험 발명가들이다. 그렇다면 비슷한 시기 조선에는 어떤 실험 발명가들이 있었을까? 임진왜란 때 화차를 만들어 행주 대첩을 승리로 이끈 변이중(邊以中, 1546~1611), 역시 임진왜란 때 비거(飛車)를 개발한 정평구(鄭平九, ?~?), 그리고 화약 제조법이 실린 《신전자초방》을 저술한 김지남(金指南, 1654~?) 등을 들 수 있다.

변이중은 임진왜란 3대 대첩 중의 하나인 행주 대첩에서 권율에게 자신이 만든 300대의 화차 중 40대를 보내 권율이 전투를 승리로 이끄는 데 큰 역할을 했다고 한다. 변이중이 이전의 화차를 크게 개량해 만든 화차에는 총구가 40개씩 뚫려 있어서 연속 발사가 가능했다.

정평구에 관해서는 임진왜란 때 정평구라는 사람이 비거를 발명해 전투 중 자신의 친구가 위험에 처했을 때 비거를 타고 가 친구를 구출해서 30리 밖까지 비행한 후 내렸다는 기록이 있다. 하지만 이를 입증할 확실한 자료는 존재하지 않는다.

김지남은 당시 청나라 수도였던 북경에 가서 화약 제조법을 배워 왔고, 염초와 숯가루(재)와 황의 조성비를 78:15:7로 하는 새로운 화약 제조법을 담아 《신전자초방》을 썼다. 역관이었던 김지남은 1712년에 중국 과학자 목극등(穆克登)과 함께 백두산을 측량한 후 중국과 우리나라 사이의 국경을 정해 백두산정계비를 세운 것으로 더 유명하다.

조선 중기의 실험 발명가들을 보면 이들이 개발 혹은 개량한 것들이 모두 전쟁과 관련되어 있음을 알 수 있다. 전쟁이 과학 기술의 발전에 큰 영향을 끼쳤다는 것을 다시 한번 확인할 수 있는 대목이다.

오늘날 실험은 과학 지식을 생성하는 가장 기본적인 방법이다. 하지만 실험이 과학 연구 방식으로 인정되기까지는 긴 시간이 필요했다. 최초로 실험을 실행했던 사람들은 연금술사였다. 고대 이집트에서 시작된 연금술은 중세 초·중반에는 이슬람을 중심으로 발달하다가 중세 말에 서유럽으로 중심을 옮긴다. 연금술사들은 많은 실험 도구를 만들었고, 화학 실험 기법들도 개발했다.

연금술사들은 증류를 이용해 물질들을 분리했고, 분리한 물질들을 결합시켜 현자의 돌을 만들고자 했다. 연금술사들의 노력은 결국 실패로 돌아갔지만 그들이 개발한 실험 기법과 그들이 발견한 여러 화학 물질들은 근대 화학의 토대가 되었다. 르네상스를 지나고도 많은 과학자들이 연금술에 관심을 가졌지만, 연금술은 서서히 근대 화학의 모습을 띤다. 리바비우스, 헬몬트 등은 연금술에 뿌리를 두면서도 근대 화학적인 실험을 실행했다.

자연철학자들은 과학 혁명 시기부터 자연에 관한 합리적 지식을 생산하는 데 실험을 본격적으로 이용하기 시작했다. 자연철학자들은 자연을 관조의 대상에서 조작의 대상으로 보기 시작했다. 인류에게 유용한 지식을 생산하는 것이 중요하다고 여긴 베이컨과 같은 학자는 이 시기에 실험이 중요하다는 생각이 확산되는 데 중요한 역할을 했다.

과학 혁명 시기의 갈릴레오, 하비, 토리첼리, 파스칼, 그리고 보일과 같은 학자들은 실험이라는 방법을 적극적으로 이용했다. 이들은 실험을 일상적인 활동으로 만들기 위해 목격자를 늘리거나 가상 목격자를 만들었다. 그 결과 과학 혁명 시기에는 역학, 생리학, 대기압 연구 등에서 중요한 지식들이 축적되었다.

Chapter 3
모든 것을 태우는 불의 정체

연소와 기체

어떤 것도 사라지지 않고, 어떤 것도 새로 만들어지지 않는다.
모든 것은 형태가 바뀔 뿐이다.
- 앙투안 로랑 드 라부아지에 -

불은 오랫동안 이 세상을 이루는 근본 물질 중 하나로 여겨졌다. 물체가 탈 때 나오는 불은 항상 위로 올라가는 것처럼 보였는데, 이 때문에 아리스토텔레스는 불이 원소 중에서 가장 가볍다고 생각했다. 공기와 불은 아주 오랫동안 별개의 존재로 생각되었다. 공기와 불의 관계, 즉 연소 현상을 이론적으로 설명하려는 시도는 오랜 시간이 흐른 뒤에야 등장했다.

연소 현상을 설명하려는 최초의 통합적인 이론은 18세기 초에 등장한 '플로지스톤 이론'이었다. 오늘날에는 연소를 빠른 속도로 산소와 결합하는 현상으로 정의한다. 하지만 플로지스톤 이론에서는 이와 반대로 물체의 연소란 그 물체 내부에 있던 플로지스톤이 밖으로 빠져나가는 현상이라고 설명했다.

플로지스톤 이론을 받아들였던 자연철학자들은 가연성 물질이 잘 타는 것은 내부에 플로지스톤을 가지고 있기 때문이고, 물체가 연소하다가 멈추는 것은 내부에 있던 플로지스톤이 모두 빠져나갔기 때문이라고 생각했다. 또 이들은 종이와 같은 물질은 대부분 플로지스톤으로 이루어져 있기 때문에 잘 타고 재도 조금만 남는다고 생각했고, 반대로 잘 타지 않는 물질은 플로지스톤을 아주 조금만 가지고 있는 것이라고 설명했다.

연소를 산소와 결합하는 현상이라고 생각하기 시작한 것은 18세기 말에 산소와 질량 보존 개념이 등장하면서부터였다. 플로지스톤 이론은 폐기되었고, 산소 연소 이론이 승자의 자리를 차지했다.

플로지스톤, 연소를 설명하기 위해 등장하다

연소란 어떤 물체가 빠른 속도로 산소와 결합해 열과 빛을 내면서 타고, 그 결과로 이산화탄소와 수증기를 만들어 내는 화학 변화 과정이다. 한마디로 연소는 물질이 산소와 결합하는 현상이다. 따라서 물체를 연소시키면 연소 전에 비해 질량이 증가한다. 이때 증가하는 질량은 결합한 산소의 질량과 같다.

하지만 18세기 말까지도 많은 과학자들은 연소에 대해 정반대의 생각을 가지고 있었다. 과학자들은 연소가 일어날 때 물질이 산소와 결합하는 것이 아니라 반대로 물질 속에 있던 '플로지스톤(phlogiston)'이 빠져나간다고 생각했다. 가연성 물질은 모두 플로지스톤이라는 것을 가지고 있는데 연소할 때 이것이 빠져나간다고 생각했던 것이다.

플로지스톤 이론에 따르면 플로지스톤이 풍부하게 들어 있는 나무를 연소시키면 플로지스톤이 공기 중으로 빠져나가고 재만 남게 된다. 또, 철이 녹스는 것은 산소와 결합해 산화 철을 만들었기 때문이 아니라 플로지스톤을 방출했기 때문이라고 할 수 있다. 당시에는 연소뿐만 아니라 호흡이나 동물의 부패도 모두 플로지스톤이 공기 중으로 방출되는 과정이라고 생각했다.

플로지스톤 개념의 등장에 중요한 기반을 놓은 사람은 요한 요아힘 베허(Johann Joachim Becher, 1635~1682)이다. 베허는 연금술에 뿌리를 두고 물체의 연소를 설명하고자 시도했던 독일의 화학자이다. 18세기에 화학은 야금술(광석에서 금속을 골라내고 정련하는 기술로, 오늘날의 금속공학에 해당한다.)이나 화약 제조, 염료와 색소의 생산 등에 필요한 지식을 알아내는 유용한 학문 분야로 인식되기 시작했다. 베허는 이런 사회적 인식 속에서 자원을 이용해 국익을 증가할 수 있는 방법을 찾기 위해 광물의 화학적 성질을 연구했다.

베허는 1667년 출간된 《지하의 물리학》이라는 책에서 근본 원소는 물과 3종류의 흙이라고 주장했다. 베허에 따르면 3가지 유형의 흙은 수은의 흙, 기름진 흙, 그리고 유리질의 흙이다. 이 중 플로지스톤 이론과 깊은 관련이 있는 흙은 기름진 흙이다. 베허는 가연성 물질 속에는 기름진 흙이 들어 있으며, 물질이 연소될 때 이 기름진 흙이 방출된다고 주장했다.

기름진 흙에 대한 베허의 주장을 계승해 플로지스톤 이론으로 재탄생시킨 사람은 할레 대학교의 의학 교수였던 게오르크 에른스트 슈탈(Georg Ernst Stahl, 1659~1734)이었다. 슈탈은 기름진 흙에 플로지스톤이라는 이름을 붙였다.

○ 철 가루(좌)와 철을 연소시켜 얻는 산화 철 가루(우) 오늘날에는 철과 산소가 결합해 산화 철을 생성한다고 설명하지만, 플로지스톤 이론에서는 철가루에서 플로지스톤이 빠져나간 것이 산화 철이다.

플로지스톤 이론에 따르면 순수한 금속은 금속재와 플로지스톤이 결합한 것이다. 순수한 금속을 가열하면 플로지스톤이 빠져나가고 금속은 금속재(산화된 금속)로 바뀐다. 실제로 철이나 알루미늄 같은 순수한 금속은 표면이 매끈매끈하고 단단해 보인다. 플로지스톤 이론에서는 그 속에 기름진 성분인 플로지스톤이 들어 있기 때문이라고 설명한다. 반대로 철이 녹슬면 표면이 거칠거칠해지는데, 플로지스톤 이론에 따르면 연소 과정에서 플로지스톤이 빠져나갔기 때문이다.

베허   슈탈
기름진 흙 → 플로지스톤
수은의 흙
유리질의 흙

오늘날의 관점에서는 이상하게 보일지도 모르지만 당시에는 여러 과학자들이 플로지스톤 이론을 받아들였다. 왜냐하면 플로지스톤 이론으로 오늘날 우리가 산소를 이용해 설명하는 모든 현상을 설명할 수 있었기 때문이다.

불타는 초를 유리종으로 덮으면 잠시 후 불이 꺼진다. 오늘날의 방식으로 설명하자면 초가 연소하면서 유리종 안에 있는 공기 중의 산소를 모두 써 버렸기 때문이다. 하지만 플로지스톤 이론에 따르면 촛불이 꺼지는 이유는 초가 연소하면서 나온 플로지스톤이 유리종 속의 공기에 가득 차 포화 상태가 되기 때문이다. 플로지스톤이 가득 찬 공기는 상한 공기가 되고, 상한 공기는 플로지스톤을 흡수할 능력이 없기 때문에 촛불이 꺼진다는 것이다.

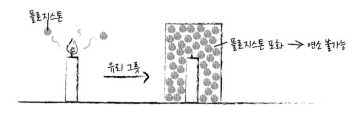

플로지스톤을 이용하면 연소나 소화 과정도 비슷한 방식으로 설명할 수 있다. 연소가 식물 안에 있던 플로지스톤이 빠져나가는 현상이라면 광합성을 통한 식물의 성장은 플로지스톤을 흡수해 체내에 고정시키는 과정이다. 헬몬트의 버드나무 실험(2장 참조)에서 버드나무가 생장한 이유는 공기 중의 플로지스톤을 흡수했기 때문이라고 해석할 수 있다. 또 소화가 음식물에 들어 있는 플로지스톤을 체내로 흡수하는 과정이라면 호흡은 그 플로지스톤을 방출하는 과정이 된다.

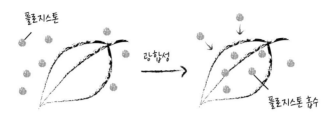

이처럼 플로지스톤 이론은 연소뿐만 아니라 식물의 광합성, 소화, 호흡 등에 일관된 설명을 제공함으로써 18세기의 화학에 튼튼한 이론적 틀을 제공했다.

플로지스톤 이론의 실용적 함의는 분명해 보였다. 대부분의 금속은 자연 상태에서는 산화된 상태, 즉 플로지스톤이 빠져나간 상태로 존재한다. 그러한 산화 금속들에 열을 가해 연소하면 플로지스톤과 결합하면서 순수한 금속을 얻게 될 것이다. 특히 야금술 분야에서 이것은 아주 중요한 이론이었다.

물론 플로지스톤 이론에도 문제는 있었다. 이론상 금속을 가열하면 플로지스톤이 빠져나가기 때문에 무게가 감소해야 했지만, 실제로는 오히려 무게가 증가했던 것이다. 하지만 그 당시만 해도 무게와 같은 정량적인 문제를 심각하게 고민하는 학자가 많지 않았기 때문에 이 점은 큰 문제가 되지 않았다. 플로지스톤 이론은 화학을 통합된 학문으로 만들었고, 플로지스톤 이론을 바탕으로 화학은 연금술의 전통에서 벗어나 근대 화학의 길로 나아갔다.

공기가 단일한 원소가 아니라는 사실이 밝혀지다

18세기 들어 야금술이 발달하고, 산화 철(즉, 철광석)에서 순수한 철을 제련해 내는 기술이 발달하면서 유럽에는 석탄 채굴 산업이 급속도로 성장했다. 산화 철(금속재)과 석탄을 함께 태우면 석탄 속의 플로지스톤이 금속재와 결합해 순수한 철이 만들어졌기 때문에, 석탄은 중요한 물질로 급부상했다. 석탄을 캐기 위해 광산의 깊은 갱도에 들어갔다가 나온 광부들은 갱도 안쪽 공기와 바깥쪽의 공기가 서로 다르다는 사실을 알게 되었고, 이런 경험으로 공기가 단일한 원소라고 믿고 있던 자연철학자들은 큰 의문을 품게 되었다.

18세기 중반에 이르면 스코틀랜드를 중심으로 공기의 화학적 성질을 연구하는 기체화학 연구가 활기를 띠게 된다. 슈탈과 비슷한 시대를 살았던 영국의 목사이자 자연철학자 스티븐 헤일즈(Stephen Hales, 1677~1761)는 돼지의 피, 호박, 굴 껍데기, 밀, 담배, 담석 등에 공기가 고정되어 있음을 알게 되었다. 고체 안에 공기가 고정될 수 있다는 사실을 알아낸 것이다.

헤일즈는 고체 물질을 가열하면 그 안에 고정되어 있던 공기가 방출된다는 사실을 알아내고 이 공기를 모으기 위해 기체 수집기를 개발했다. 연소 중인 물체에서 나오는 기체를 휘어진 관을 통해 물이 담긴 용기에 보내면 물 위쪽에 기체가 모이는 방식이었다. 헤일즈가 개발한 이 기체 수집기는 이후 기체화학 연구에서 중요한 도구로 쓰인다.

헤일즈의 연구를 한층 더 진전시킨 사람은 스코틀랜드의 화학자 조지프 블랙(Joseph Black, 1728~1799)이다. 1756년에 블랙은 탄산 칼슘에 산을 떨어뜨리면 빠른 속도로 기포가 생성된다는 것을 발견했다. 블랙이 보기에

○ 〈진공 펌프 속의 새에 관한 실험〉 조지프 라이트의 1768년 작품으로, 공기에 대한 당시의 관심을 엿볼 수 있다.

이 기포는 탄산 칼슘 속에 고정되어 있던 공기가 산과 반응해 방출된 것으로 보였다. 따라서 블랙은 이 공기를 '고정된 공기(fixed air)'라고 불렀다.

고정된 공기는 독특한 냄새를 가지고 있고, 불을 끄는 성질이 있으며, 보통의 공기보다 무겁고, 이 공기와 석회수를 섞으면 석회수가 뿌옇게 흐려진다는 특징이 있었다. 블랙은 또한 이 공기가 알코올이나 숯을 연소시킬 때 발생한다는 것도 알아냈다. 블랙은 이산화탄소를 분리하는 데 성공했던 것이다. 하지만 당시에 고정된 공기는 일반적인 공기 속에는 들어 있지 않고 화학 반응을 통해서만 생성된다고 여겨졌다.

블랙의 발견은 화학의 역사에서 상당히 중요한 의미를 가진다. 아리스토텔레스는 공기가 단일한 원소라고 주장했고, 많은 사람들이 여전히 그의 생각을 받아들이고 있었기 때문이다. 블랙의 발견은 공기가 1가지 종류의 원소라는 전통적인 생각이 무너지는 계기가 되었다.

공기가 성질이 다른 여러 종류의 기체가 섞여 있는 혼합물이라는 사실이 알려지면서 서로 다른 화학적 성질을 가진 다양한 기체들을 분리하려는 시도들이 급속도로 확산되었다. 이런 분위기 속에서 영국의 헨리 캐번디시(Henry Cavendish, 1731~1810)는 1776년에 묽은 염산과 황산을 철과 반응시켜 '가연성 공기'를 분리해 냈다. 가연성 공기를 태우면 평 소리를 내며 탔기 때문에 캐번디시는 가연성 공기가 곧 순수한 플로지스톤이라고 생각했다. 이 가연성 공기는 바로 수소였다.

18세기에 이루어진 기체화학 연구에서 중요한 역할을 한 인물은 조지프 프리스틀리(Joseph Priestley, 1733~1804)이다. 캐번디시와 동시대 사람인 프리스틀리는 영국의 화학자이자 성직자이며, 자연철학자이자 정치적 급진주의자였다. 프리스틀리는 1767년에《전기의 역사와 현 단계》를 출간해 자연철학자로서 명성을 얻었다.

프리스틀리는 헤일즈와 블랙의 연구를 바탕으로 특정한 성질을 지닌 다양한 종류의 공기들이 존재한다는 것을 확인했다. 프리스틀리는 고정된 공기에 대한 연구를 시작으로, 초석의 공기(아산화질소, 웃음가스로 알려져 있다.), 염산, 암모니아 등을 발견했다. 또한 압력이 증가할수록 기체의 용해도가 증가한다는 사실을 발견해 최초로 인공 탄산수를 만들기도 했

♦ 조지프 프리스틀리(좌)와 그의 기체 연구용 기구(우) 프리스틀리는 공기에 대한 여러 연구를 진행했다. 오른쪽은 프리스틀리의 《여러 종류의 기체에 관한 실험과 관찰》에 실린 그림으로 그는 이 기구들을 이용해 공기의 성질을 연구했다.

다. 1774년에는 자신의 실험 결과를 《여러 종류의 기체에 관한 실험과 관찰》이라는 제목으로 발표해 화학자로서도 명성을 얻었다.

프리스틀리는 슈탈의 플로지스톤 이론을 받아들였고, 이를 바탕으로 기체들의 성질을 설명했다. 프리스틀리는 공기들마다 화학적 성질이 다른 이유는 그 공기들마다 함유하고 있는 플로지스톤의 양이 다르기 때문이라고 생각했다.

18세기 학자들의 기체 연구

헤일즈 : 고체 속의 기체 발견, 기체 수집기 개발

블랙 : 고정된 공기 발견

캐번디시 : 가연성 공기 분리

프리스틀리 : 다양한 기체 성질 연구, 플로지스톤 없는 공기 발견

프리스틀리, 플로지스톤 없는 공기를 발견하다

1774년 8월 1일에 프리스틀리는 아주 중요한 실험을 진행했다. 그는 지름 12인치(30.48cm)인 대형 렌즈로 햇빛을 모아 붉은색 수은 재(산화 수은)를 가열했다. 그러자 수은 재는 점차 수은으로 변했다. 이때 발생하는 새로운 공기를 포집한 프리스틀리는 이 새로운 공기를 '플로지스톤 없는 공기(dephlogisticated air)'라고 불렀다. 공기에 있던 플로지스톤이 수은 재와 결합해 수은이 되었을 테니, 남은 공기는 플로지스톤이 없는 공기가 되었을 것이라고 생각한 것이다.

수은 재 + 공기 중의 플로지스톤 → 수은(수은 재 + 플로지스톤) + 플로지스톤 없는 공기

프리스틀리는 자신이 포집한 '플로지스톤 없는 공기'의 성질을 확인해 보았다. 그는 이 공기 속에서는 촛불이 놀라울 만큼 활활 타오르며, 이 공기가 든 유리종 속에 쥐를 가두면 보통의 공기 속에서보다 쥐가 훨씬 오래 사는 것을 볼 수 있었다. 프리스틀리는 플로지스톤 없는 공기를 직접 들이마셔 보기까지 했다. 이 공기를 마신 후 가슴이 가볍고 편안해지는 것을 느낀 프리스틀리는 '플로지스톤 없는 공기'가 일반 공기보다 대여섯 배는 더 좋다고 평가했다.

1775년에 프리스틀리는 '고정된 공기'가 녹아 있는 물에 수초를 넣어 두면, 이 식물이 '플로지스톤 없는 공기'를 만든다는 사실도 발견한다. 그는 동물이 호흡할 때 나온 플로지스톤 때문에 공기가 상하지만, 식물이 플로지스톤을 흡수함으로써 상한 공기가 다시 치료된다고 생각했다. 오늘날의

방식으로 설명하자면 쥐가 호흡하면서 내보낸 이산화탄소를 식물이 광합성에 이용하고, 광합성 결과 산소가 발생해 쥐가 호흡하는 데 이용된다고 할 수 있다. 하지만 프리스틀리는 플로지스톤 이론을 믿고 있었기 때문에, 수초가 만든 공기는 산소가 아니라 플로지스톤이 없는 공기라고 믿었다.

플로지스톤 없는 공기

상한 공기

프리스틀리 :	플로지스톤 부족	플로지스톤 포화	플로지스톤 균형
오늘날 :	이산화탄소 부족 산소 포화	산소 부족	산소와 이산화탄소 순환

'플로지스톤 없는 공기'를 발견하고 몇 달이 지난 1774년 10월 프리스틀리는 실험 재료인 수은을 사러 파리에 갔다가 당시 파리에서 가장 유명하던 화학자를 만나게 된다. 바로 라부아지에였다.

프리스틀리는 라부아지에에게 자신이 발견한 새로운 공기를 설명했고, 라부아지에는 프리스틀리의 실험을 재연해 보았다. 과학사에서 종종 발견에 대한 우선권을 두고 논쟁이 일어난다는 점을 상기해 보았을 때 프리스틀리가 라부아지에에게 정보를 공개한 일은 상당히 이례적인 일이었다. 프리스틀리의 실험이 라부아지에에게 얼마만큼의 영향을 끼쳤는지에 대해서는 과학사학자들 사이에서 의견 일치를 보지 못하고 있지만, 이 두 사람의 만남이 화학의 역사에서 중요한 의미가 있다는 점만큼은 모두 동의한다.

　프리스틀리는 미국 독립 혁명과 프랑스 혁명을 공개적으로 지지했고 영국 국교회를 비판했을 만큼 종교적·정치적으로 급진적이었는데, 이러한 그의 정치적 행보는 그 자신과 가족을 상당히 위험에 처하게 했다. 1791년에는 술에 취한 군중들이 그의 집을 불태워 버리기까지 했다. 프리스틀리와 그의 가족은 가까스로 영국을 탈출해 결국 1794년에 미국 펜실베이니아로 이민을 갔다. 프리스틀리는 외딴곳에 집을 짓고 연구를 계속하면서 남은 생을 보냈다.

　프리스틀리가 발견했던 '플로지스톤 없는 기체'는 바로 오늘날의 산소이다. 그렇다면 산소를 발견한 사람은 프리스틀리라고 하면 될까? 하지만 '누가 산소를 발견했는가'는 그리 간단한 문제가 아니다. 산소의 발견자로 이름이 오르내리는 사람은 프리스틀리 말고도 2명이나 더 있다.

　산소의 발견자로 알려진 첫 번째 인물은 스웨덴의 화학자 칼 빌헬름 셸레(Carl Wilhelm Scheele, 1742~1786)이다. 집이 가난해 교육도 제대로 받지 못한 셸레는 14살 때 약제사의 견습공으로 들어가 평생을 약제사로 일했다. 빈약한 실험 장치들을 이용해 틈틈이 기체 연구를 계속한 셸레는 염소를 비롯한 새로운 물질들을 많이 발견했다. 어느 날 셸레는 황산을 연망간석(산화 망가니즈)과 함께 가열해 새로운 공기를 얻었다. 셸레는 이 공기가 초를 잘 타게 한다는 사실을 알아내고, '불공기'라고 불렀다. 이 불공기가 바로 오늘날의 산소이다.

　셸레는 프리스틀리보다도 먼저인 1772년에 프리스틀리보다도 먼저 산소를 분리했고, 자신의 연구 결과가 실린 책의 필사본도 1775년에 이미 완

🔵 칼 빌헬름 셸레 셸레는 산소를 최초로 분리한 화학자이다.

성했다. 하지만 인쇄소의 실수로 책은 1777년이 되어서야 출판되었다. 그러는 사이 1774년에 프리스틀리의 연구 결과가 발표되었다. 셸레는 인쇄소의 실수로 다른 화학자들보다 먼저 자신의 실험 결과를 발표할 기회를 놓쳤던 셈이다.

뛰어난 실험가였던 셸레는 44살의 젊은 나이로 사망했는데, 그 이유는 자신이 실험했던 여러 약품들을 직접 맛보면서 건강이 급격히 나빠졌기 때문이라고 한다. 발표는 프리스틀리보다 늦었지만 산소를 최초로 분리했던 셸레는 산소 발견의 역사에서 빼놓을 수 없는 인물이다.

라부아지에, 물체를 연소시키는 기체에 산소라는 이름을 붙이다

산소를 최초로 분리한 셸레, 셸레보다 먼저 새로운 기체 발견 결과를 발표했던 프리스틀리와 더불어 산소의 발견자로 알려진 마지막 인물은 프랑스의 화학자 라부아지에이다. 정치적으로 급진적이었던 프리스틀리와

◐ 라부아지에 부부 라부아지에의 연구에 아내의 도움은 큰 힘이 되었다.

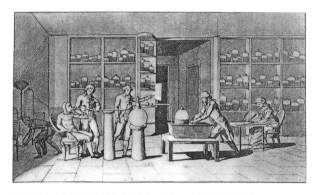

❑ 라부아지에의 실험 라부아지에 부인이 그린 실험 장면이다. 오른쪽에 앉아 기록하고 있는 사람이 라부아지에의 아내 마리 앤이다.

는 달리 라부아지에는 부르주아 계급으로서 보수적인 정치 성향을 띠었다. 라부아지에는 많은 유산을 물려받았기 때문에 굳이 일을 하지 않아도 되었지만, 평생을 과학 연구에 힘쓰기 위해 돈을 더 벌기로 작정하고 페르메 제네랄이라는 세금 징수회사에 들어갔다. 나중에 프랑스 혁명이 일어났을 때 라부아지에는 바로 그 경력 때문에 체포되어 단두대의 이슬로 사라지게 되었다. 세금 징수회사가 임무를 잘못 수행했다는 증거를 찾지 못했던 당시 재판부는 프랑스의 적과 음모를 꾸몄다는 죄목을 붙여 라부아지에를 처형했다고 한다.

라부아지에는 세금 징수업자의 딸 마리 앤 피에레테 폴즈(Marie-Anne Pierrette Paulze Lavoisier)와 결혼을 했는데, 당시 라부아지에는 28살, 마리 앤은 14살이었다고 한다. 마리 앤은 영어를 공부해 영국 왕립 학회에서 보내오는 논문을 프랑스어로 읽어 주기도 하고, 반대로 프랑스어로 쓰인 라부아지에의 책을 영어로 번역하기도 했다. 그림에 소질에 있었던 마리 앤

○ 에밀 샤틀레 《프린키피아》를 프랑스어로 번역하고 물리학을 대중화하는 데 공헌했다.

은 라부아지에의 실험을 도와주거나 실험 기구, 실험 과정 등을 그림으로 남겼다. 마리 앤의 그림이 너무나 정확해서 그림을 보고 라부아지에의 실험 기구들을 복원할 수 있을 정도라고 한다.

　과학의 역사를 돌아보면 라부아지에의 아내 마리 앤처럼 겉으로 드러나지 않는 공헌자나 조력자들을 많이 찾아볼 수 있다. 뉴턴의 《프린키피아》가 처음 출판되었을 때 이 책을 프랑스어로 번역했던 에밀 샤틀레(Emilie du Chatelet, 1706~1749)를 한 예로 들 수 있다.

　여성이 고등 교육을 받기 어려웠던 시대였음에도 불구하고 귀족 가문의 부유한 집안에서 태어난 덕분에 샤틀레는 언어, 수학, 물리학 등을 공부할 수 있었다. 수학과 실험과학 연구에 정진했던 샤틀레는 《프린키피아》를 번역하고 주석을 달 정도로 뉴턴역학과 기하학을 잘 이해하고 있었다. 자신의 연인이자 프랑스 계몽사상가였던 볼테르가 1738년 《뉴턴 철학의 개요》를 집필할 때 실제로 그 내용을 정리한 것도 샤틀레였다고 알려져 있다. 그녀는 1740년 출간된 《물리학의 기초》라는 책도 집필해 물리학의 대중적 확산을 위해 노력했다. 샤틀레는 여성이 스스로의 지성을 계발하고 재능을 발휘할 기회가 막혀 있음을 안타까워했고, 이런 기회를 막는 사회적 제도와 관습을 철폐할 것을 주장하기도 했다.

라부아지에는 비록 집안의 전통에 따라 법학을 전공했지만, 화학과 지질학 등의 자연과학에 많은 관심을 가지고 있었다. 뉴턴의 《프린키피아》를 읽고 감동을 받은 라부아지에는 수학적 정량화와 정확한 측정을 중시하는 물리학의 방법을 화학 분야에도 도입하고자 했다. 라부아지에는 이에 따라 정밀한 측정을 중시하며 실험을 진행했는데, 그는 특히 정확하게 무게를 재는 일을 매우 중요하게 여겼다.

라부아지에는 29살이던 1772년부터 연소에 대한 실험을 체계적으로 진행하기 시작했다. 실험을 통해 라부아지에는 금속과 공기를 결합시키면 금속재(산화된 금속)가 만들어지고, 금속재가 다시 금속으로 바뀔 때는 일정량의 공기가 발생한다는 사실을 발견했다. 라부아지에는 연소를 하면 금속재 안에 공기가 고정된다고 생각하기 시작했다.

1772년에 라부아지에는 미완성의 실험 결과에 대한 우선권을 확보하기 위해 파리의 과학아카데미에 '봉인된 노트'를 제출했다. 이 시기에 이미 라부아지에는 연소 과정에서 공기가 흡수된다는 자신의 발견이 화학에 혁명을 가져올 것이라고 예감했다고 한다.

일주일쯤 전에 나는 황을 태우면 무게가 감소하기는커녕 오히려 늘어난다는 사실을 발견했다. …… 내가 결정적이라고 생각한 실험들에 의하여 확립된 이 발견으로부터 나는 황과 인의 연소에서 관찰된 것이 무게가 증가하는 모든 물질의 경우에도 일어날 수 있으리라고 생각하게 되었다. …… 나는 일산화 납을 환원시켰는데 금속재가 금속으로 변하면서 다량의 공기가 방출되었다. 그리고 이 공기의 부피는 사용된 일산화 납의 양보다 1,000배 이상 많았다. 나에게는 이 발견이 슈탈 시대 이후에 이룩된 발견 중에 가장 흥미 있는 것처럼 보였다.

-라부아지에(찰스 길리스피,《객관성의 칼날》, 249~250쪽)

라부아지에는 1773~1774년에 수은 재(산화 수은)를 이용한 실험을 실시한다. 그는 수은을 공기 중에서 12일 동안 가열했다. 그랬더니 붉은색의 수은 재(HgO)가 생성되고, 공기의 부피는 $50in^3$에서 $42in^3$로 감소했다. 이것은 수은과 공기가 결합해 수은 재를 생성했다는 것을 의미한다. 줄어든 공기의 부피 $8in^3$는 전체 공기 부피의 1/5에 해당한다. 오늘날 전체 공기의 20%가 산소임을 생각해 보면, 라부아지에의 실험이 매우 정확하게 진행되었음을 알 수 있다.

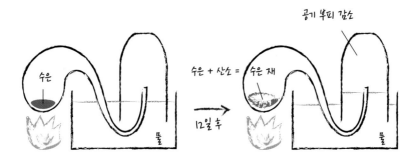

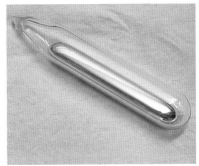

◑ 수은과 수은 재 수은을 산화시키면 수은 재가 생성된다.

수은 재가 수은보다 무게가 더 많이 나가는 것을 보면서 라부아지에는 수은이 연소할 때 플로지스톤이 빠져나가는 것이 아니라 오히려 공기 중의 특정 성분이 수은과 결합해 수은 재가 형성된다고 확신했다. 이것은 엄청난 발상의 전환이었다. 이제 공기 중에 있는 이 특정 성분이 무엇인지 알아내는 것이 라부아지에의 관심사가 되었다.

그러던 중 1774년 10월에 프리스틀리가 라부아지에의 집을 방문했다. 프리스틀리는 자신의 발견이 얼마나 중요한지 잘 모르고 있었지만, 라부아지에는 그렇지 않았다. 라부아지에는 프리스틀리가 말한 '플로지스톤 없는 공기'가 자신이 찾는 바로 그 기체임을 확신했다. 라부아지에는 자신의 무게 측정 방법을 통해 이 기체의 존재를 다시 한번 확인했다.

라부아지에가 훌륭한 연구자였다는 점은 그가 자신의 실험을 거꾸로 실행해 재료들을 다시 합성해 낸 데서 드러난다. 그가 수은 재를 다시 가열했더니 이번에는 수은과 함께 산소 $8in^3$가 생성되었다. 이것은 수은 재 안에 고정되어 있던 산소가 가열 과정에서 다시 분리되어 나온 것임을 의미한다. 전체 공기에서 산소가 차지하는 부피비만큼 산소가 다시 생성된 것이었다.

라부아지에는 1778년과 1779년에 자신의 새로운 연소 이론과 산성에 관한 이론을 담은 논문을 연이어 발표했다. 이 논문들에서 라부아지에는 연소할 때는 대기 속으로 무엇인가가 방출되는 것이 아니라 오히려 대기에서 특정 기체를 흡수하기 때문에 그만큼 무게가 증가한다는 결론을 내렸다. 무게를 증가시킨 바로 그 기체와 결합하면 물질이 산성(acid)으로 변한다고 생각했던 라부아지에는 이 특정 기체에 '플로지스톤 없는 공기'나 '호흡하기에 좋은 공기' 등의 표현 대신에 '산소(oxygen)'라는 이름을 붙일 것을 제안한다. 비금속 물체와 결합해 산을 만든다는 의미를 가진 이름이었다.

> 이제부터 나는 화합 상태, 즉 고정 상태에 있는 플로지스톤 없는 공기, 즉 호흡에 아주 적절한 기체를 산을 생성하는 원리(acidifying principle)라고 부르겠다. 그리스에서 온 말이 더 좋다면 산을 생성하는 원리(oxygenic principle)라는 이름을 붙이겠다.
>
> ─라부아지에(찰스 길리스피, 《객관성의 칼날》, 265쪽)

연소가 플로지스톤과의 분리가 아니라 산소와의 결합이라는 주장은 완전히 새로운 연소 이론이었다. 이로써 연소뿐만 아니라 호흡, 산화, 환원, 산과 염기의 특징 등을 모두 산소와의 결합과 분리로 설명할 수 있는 새로운 이론 체계가 탄생했다.

라부아지에의 연소 이론

비금속 + 산소 = 산 → 무게 증가

산소의 결합과 분리 → 물질 변화(호흡, 산화, 환원 등)

라부아지에의 새로운 연소 이론이 등장할 수 있었던 배경에는 반응 물질과 생성 물질의 총 질량은 항상 보존된다는 질량 보존의 법칙, 그리고 정확한 무게 측정 방법이 있었다. 라부아지에의 정확한 무게 측정 방법을 교훈으로 해, 화학은 물질의 성질을 연구하는 질적 학문에서 물질의 화합과 분리를 정량적으로 측정하는 학문으로 바뀌기 시작했다.

물론 라부아지에의 새로운 연소 이론에 대한 반대도 컸다. 라부아지에의 새로운 연소 이론에 대해 많은 화학자들은 '화학 반응 과정에서 성질, 모양, 색깔 등이 다 바뀌는데 무게라고 바뀌지 못한다는 법이 있는가?', '연소할 때 무게가 증가한 것은 어떤 작은 존재자들이 용기의 벽을 통과해 들어가 무게를 증가시켰기 때문으로 볼 수도 있지 않은가?'와 같은 반응을 보였다. 하지만 라부아지에는 수소와 산소를 합성해 물을 생성하고 물을 다시 산소와 수소로 분해하는 실험을 통해 자신의 실험이 믿을 만한 것임을 증명했고, 결국 연소에 대한 라부아지에의 새로운 이론은 광범위하게 받아들여졌다.

라부아지에가 발견한 것은 산소 자체가 아니라 금속을 가열하면 산소가 흡수되어 무게가 증가한다는 사실이었다. 라부아지에는 연소가 산소와 화합하는 반응임을 보여 줌으로써 플로지스톤 이론을 폐기시켜 버렸다.

라부아지에의 명명법, 과학의 언어가 되다

라부아지에는 화학의 언어를 개혁하기 위해 노력했다. 당시에 물질의 이름들은 '비너스의 독설'이나 '머큐리신의 사자자리'처럼 연금술에서 유래되어 모호한 것이 많았다. 또는 발견자의 이름을 따서 '글라우버의 소금'이나 '쿤켈의 인', '리바비우스의 향기로운 술'과 같이 불리는 경우도 있었고, '엡섬의 소금'처럼 발견된 장소의 이름을 딴 것도 있었으며, '안티몬의 버터'처럼 물리적 성질을 이름에 붙인 것도 있었다. 심지어 수은처럼 학문 분야에 따라 서로 다른 이름으로 불린 것도 있었다. 라부아지에는 일정한 기준과 체계에 따라 물질들의 이름을 정하고 싶어 했다. 이것은 언어 개혁을 통해 사고의 개혁을 꾀하려는 계몽주의의 과제이기도 했다.

라부아지에는 1787년에 출판된 《화학 명명법》에서 물질들의 이름을 정할 기준을 제시한다. 라부아지에가 제시한 방법은 화합물의 이름만 보면 구성 원소의 종류를 알 수 있도록 하는 방법이었다. 예를 들어 염산을 hydrochloric acid라고 부르면, 이것은 염산이 수소와 염소로 이루어져 있음을 의미했다. 이와 같은 방법으로 라부아지에는 마늘산은 gallic acid, 개미산은 formic acid, 식초산은 acetic acid, 왕수는 nitromuriatic acid와 같이 화합물의 이름을 새로 바꿨다. 라부아지에가 화합물의 이름 뒤에 acid를 붙인 이유는 산소가 산성을 띠게 하는 원인이라고 생각했기 때문이었다. 따라서 라부아지에의 명명법을 받아들인다는 것은 곧 라부아지에의 산소 이론을 받아들이는 것을 의미했다.

라부아지에의 명명법은 이름을 아는 것에서 그치지 않고 화학 반응이 일어나는 전체 과정에 대한 이해까지도 가능하도록 해 주었다. 예를 들어 염산(HCl)에 마그네슘(Mg) 조각을 떨어뜨리면 생성물이 염화 마그네슘($MgCl_2$)과 수소(H_2)가 될 것임을 추론할 수 있다. 화학 변화의 과정을 이처럼 과학적인 언어로 기술할 수 있게 되면서 화학은 과학의 한 분야로 정립되어 나갔다.

1790년에는 이미 대부분의 화학자들이 산소 연소 이론을 받아들였다. 18세기 화학에서 일어난 새로운 연소 이론, 화학 명명법, 화학의 정량화와 합리화 같은 변화들을 보통 화학 혁명이라고 부른다. 화학 혁명의 의의를 평가함에 있어서 무엇을 기준으로 하느냐에 따라 평가 결과는 크게 달라진다. 플로지스톤 이론을 폐기하고 새로운 산소 연소 이론을 정립한 것을 화학 혁명의 핵심이라고 본다면 라부아지에의 역할은 아주 크다. 하지만 화학 혁명의 핵심을 '새로운 기체 상태 이론'이나 '화학적 조성에 대한 새로운 이해'로 보면 화학 혁명은 훨씬 더 전으로 거슬러 올라간다. 18세기 이전에 활동했던 많은 화학자도 스스로 자신들이 과거와는 다른 새로운 화학을 하고 있다고 생각했고, 또한 슈탈의 플로지스톤 이론도 물질의 화학적 조성에 관한 연구로 높이 평가할 수 있기 때문이다.

화학 혁명에서 라부아지에가 차지하는 위치에 대해서는 이견이 있을 수 있지만, 근대 화학의 등장에 라부아지에가 큰 공헌을 했음을 부정할 수는 없다. 프랑스 혁명 당시 처해진 라부아지에의 교수형에 대해 수학자 라그랑주가 "이 머리를 베어 버리기에는 일순간으로 족하지만, 프랑스에서 같은 두뇌를 만들려면 100년도 넘게 걸릴 것이다."라고 탄식한 것이 과장된 평가만은 아닐 것이다.

또 다른 이야기 | 플로지스톤 이론이냐, 산소 이론이냐 ----------------------

　18세기 말까지 많은 사람들은 종이나 나무 안에 가연성 물질(플로지스톤)이 들어 있고, 연소는 이런 가연성 물질이 빠져나가는 과정이라고 생각했다. 왜냐하면 표면이 매끈매끈했던 종이가 타고 나면 푸석푸석한 재로 바뀌었기 때문이다. 금속에 대해서도 마찬가지로 생각했다. 금속의 표면이 반들반들한 이유는 플로지스톤이 들어 있기 때문인데, 이것이 녹슬면 플로지스톤이 빠져나가서 푸석푸석해진다고 생각했다.

　라부아지에도 처음에는 플로지스톤 이론을 배웠지만, 금속을 녹슬게 하거나 인, 황을 가열하면 무게가 더 늘어난다는 것을 알고는 생각을 바꿨다. 라부아지에는 연소나 녹이 스는 현상, 호흡 등을 모두 산소와의 결합 과정으로 설명했다.

　하지만 과학철학자 장하석은 플로지스톤 이론도 계속 발달하게 놔두었으면 화학의 진보에 크게 기여했을지도 모른다고 말한다. 플로지스톤을 '타는 기운'이라고 보면, 이것은 그대로 화학 에너지 개념으로 연결된다. 종이나 나무, 금속 안에 들어 있던 화학 에너지가 빠져나가는 것이 플로지스톤이라고 볼 수 있다는 이야기이다.

　플로지스톤을 전자라고 보아도 마찬가지로 많은 현상을 설명할 수 있다. 산화(즉 연소나 녹스는 것)를 산소와 결합하는 현상이라고 설명하기보다는 수소나 전자를 잃는 현상이라고 설명하는 것이 더 정확하다. 산화, 즉 전자를 잃는 현상은 플로지스톤을 잃는 현상이고, 환원, 즉 전자를 얻는 현상이라고 생각하면, 산소와의 결합을 산화라고 본 라부아지에보다도 훨씬 더 정확하고 일관된 설명이 가능해진다

　이처럼 플로지스톤 이론과 산소 이론은 각기 장단점을 갖춘 설명 체계였다.

연소를 설명하는 이론 체계가 등장한 것은 18세기 들어서였다. 당시의 화학자들은 연소, 산화, 환원, 호흡, 광합성 등의 현상을 플로지스톤과의 결합과 분리로 설명했다. 가연성 물질은 내부에 플로지스톤이 있으며, 연소가 일어날 때 플로지스톤이 공기 중으로 빠져나간다는 것이었다.

18세기 중반에 기체화학 연구가 활기를 띠자 고정된 공기(이산화탄소)를 시작으로 가연성 공기(수소)와 같은 여러 종류의 공기가 발견되었다. 그중 하나가 '플로지스톤 없는 공기'였다. 프리스틀리는 수은 재를 가열해 수은과 '플로지스톤이 없는 공기'를 얻었고, 이 공기가 촛불을 잘 태우며 호흡도 돕는다는 사실을 알아냈다.

한편 라부아지에는 이와는 다른 이론을 떠올렸다. 수은과 공기를 결합한 수은 재가 더 무겁고, 반대로 수은 재가 수은이 될 때는 무게가 가벼워지면서 공기가 발생되는 것을 보면서 라부아지에는 연소가 일어날 때 플로지스톤이 빠져나가는 것이 아니라 공기 중의 무엇인가와 결합한다고 생각했다. 그는 프리스틀리의 '플로지스톤 없는 공기'가 자신이 찾던 바로 그 기체라는 것을 알고, '산소'라는 이름을 붙인다. 이후 라부아지에는 화합물의 이름을 정하는 체계적인 명명법을 만들어 화학의 언어를 개혁해 화학 혁명을 이끌었다.

연소 이론	주창자	계승자	내용
플로지스톤 이론	슈탈	셸레 프리스틀리 캐번디시	금속 연소: 플로지스톤이 빠져나가 금속재가 형성 금속재 가열: 플로지스톤과 결합해 순수한 금속 형성
산소 연소 이론	라부아지에	19세기 이후 화학자들	금속 연소: 산소와 결합해 금속재 형성 금속재 가열: 금속재와 결합한 산소가 빠져나가 순수한 금속 형성

Chapter 4 원소를 정리하는 방법을 만들다

주기율표

나는 증명할 필요가 없다.
자연의 법칙은 문법과 달라서 예외를 인정하지 않는다.
– 드미트리 이바노비치 멘델레예프 –

화학을 공부한 사람이라면 누구나 주기율표를 접해 보았을 것이다. 주기율표는 원소들을 구분하기 쉽게 일정한 규칙에 따라 배열한 표이다.

주기율표에는 원소에 대한 많은 정보가 들어 있다. 주기율표를 보면 각 원소를 이루는 입자인 원자의 질량이나 원자 속 양성자의 수 등을 알 수 있다. 또한 각 원소 사이의 관계도 알 수 있다. 비슷한 화학 성질을 가진 원소끼리는 같은 그룹(족)으로 묶어서 배치해 놓았기 때문이다. 주기율표를 보고 원소를 이루는 각 원자의 크기도 비교해 볼 수 있다. 같은 가로줄에 있는 원자들은 전자껍질 수가 같기 때문이다. 이것은 주기율표의 아래쪽에 위치한 원소일수록 전자껍질이 많다는 의미이기도 하다.

주기율표는 러시아의 과학자 멘델레예프가 처음으로 제안했지만, 멘델레예프 이전에도 원소들을 일정한 규칙에 따라 배열하려는 시도들이 있었다. 멘델레예프가 주기율표를 만든 이후에도 과학자들은 원소들을 가장 정확하게 배열할 수 있는 더 나은 방법을 찾기 위해 노력했다.

주기율표는 지금도 계속 채워지고 있다. 2016년 11월에는 117번 원소인 테네신이 공식적으로 인정되었다. 앞으로 얼마나 더 많은 원소가 발견될지는 아무도 정확하게 이야기할 수 없을 것이다.

그림으로 그리던 원소 표기가 문자로 바뀌다

'원소란 무엇인가'라는 질문에 대해 근대적 의미의 해답을 내놓았을 뿐만 아니라 원소들을 일정한 규칙에 따라 배열하는 데 성공했던 최초의 화학자는 라부아지에였다. 1789년에 라부아지에는 《화학원론》에서 원소를 다음과 같이 설명했다.

> 그러므로 나는 원소라는 용어를 화합물을 구성하고 있는, 단순하고 눈으로 볼 수 없는 분자들의 구성 물질들을 가리키는 것으로 정의한다면, 우리가 그것들에 관하여 아무것도 모르는 것이 당연하다고 말하면서 나 스스로 만족할 것이다. 그러나 반대로 우리가 원소 또는 화합물에서 볼 수 있는 원리와 개념에 따라 최종적인 아이디어를 이야기하자면, 우리가 지금까지 어떤 방법으로도 분해할 수 없었던 모든 물질들을 원소로 취급할 수 있다.
>
> ─라부아지에, 《화학원론》(폴 스트레턴, 《멘델레예프의 꿈》, 288쪽)

라부아지에는 이처럼 어떤 방법으로도 분해할 수 없는 물질들을 원소라고 정의하면서, 당시까지 알려져 있던 원소 33종을 4그룹으로 분류했다. 그 첫 그룹은 기체였으며, 두 번째 그룹은 비금속 원소, 세 번째 그룹은 금속 원소, 그리고 마지막 네 번째 그룹은 산화물로 구성되어 있었다. 라부아지에의 원소표는 이후 여러 부분이 틀렸음이 드러났지만, 원소들을 근대적으로 정의하고 이런 원소들을 일정한 규칙성에 따라 분류했다는 점에서 역사적으로 아주 중요한 시도였다.

1808년에 돌턴은 원소가 원자라는 작은 입자로 이루어졌다는 원자설을 내세웠다. 서로 다른 원소는 서로 다른 무게를 지닌 원자로 이루어진다는 이론이었다. 원자론을 받아들인 화학자들은 서로 다른 원소를 구성하는 원자들의 무게, 즉 원자량을 알아내려고 했다. 원자의 실제 무게를 알수 없었던 화학자들은 기준이 되는 무게를 정한 다음, 다른 원자들의 무게는 그에 대한 상대적인 값으로 나타냈다. 돌턴은 수소 원자의 무게를 1로 정했고, 이를 기준으로 다른 원자들의 무게를 비교해 나타냈다.

하지만 근본 물질인 원소, 그리고 원소를 이루는 가장 작은 알갱이인 원자를 어떻게 표시할 것인가 하는 문제가 여전히 남아 있었다. 연금술사들은 비밀스러운 상형 문자와 그림으로 물질을 표시했다. 이에 비해 돌턴은 원소를 원의 형태로 표시하는 방법을 고안했다. 돌턴은 원자를 하나의 원으로 나타낸 다음, 그 원 안에 서로 구별되는 무늬를 넣거나 문자를 넣음으로써 각 원자들을 구분했다. 화합물은 원소의 적절한 합으로 나타냈다. 하지만 이 방법 역시 사용하기가 아주 불편했다.

원소 기호 표기 방식은 얼마 가지 않아서 스웨덴의 화학자 욘스 야코브 베르셀리우스(Jöns Jacob Berzelius, 1779~1848)가 고안한 기호 체계로 바뀐다. 돌턴의 원자량에 부정확한 것이 많다고 생각했던 베르셀리우스는 세밀한 실험을 통해 당시까지 알려져 있던 49개의 원소 중 45개 원소의 원자량을 정확하게 계산했다. 그는 또한 세륨(1803년), 셀레늄(1817년), 토륨(1828년)과 같은 새로운 원소를 발견했고, 1824년에는 규소 원소를 분리하기도 했다. 베르셀리우스는 볼타 전지를 이용해 여러 화합물들을 전기 분해했고, 그 결과 화합물들이 양성과 음성으로 나뉜다는 전기화학적 이원론을 주장했다.

❍ 욘스 야코브 베르셀리우스 오늘날과 같은 원소 기호를 만들었다. 1824년에 규소 원소를 분리한 것으로도 유명하다.

　일찌감치 돌턴의 원자 이론을 받아들였던 베르셀리우스는 연금술사들이나 돌턴의 방식과는 아주 다른 방식으로 원소를 나타낼 것을 제안했다. 그는 그리스어와 라틴어 이름의 앞 글자를 따서 원소들의 이름을 나타냈다. 수소는 H, 산소는 O와 같이 나타내는 방식이었다. 그리고 만약 두 원소가 똑같은 첫 글자를 가지는 경우에는 비금속 원소를 한 문자로 나타내고, 금속 원소의 첫 글자 뒤에는 소문자를 붙였다. 탄소와 칼슘은 둘 다 C로 시작하니까 비금속 원소인 탄소는 C로, 금속 원소인 칼슘은 Ca로 나타내는 방식이었다. 금과 은처럼 둘 다 금속 원소일 경우는 두 번째 글자로 구분하면 되었다. 금과 은은 첫 글자가 모두 A로 같지만 금은 라틴어로 aurum이고, 은은 라틴어로 argentum이니까 금은 Au로, 은은 Ag로 나타내면 두 원소를 구분할 수 있다.

　베르셀리우스의 표기 방식을 따르면 화합물을 나타내기가 훨씬 편리했다. 화합물은 화합물을 구성하는 두 원소 기호를 합쳐서 쓰면 됐고, 화합물을 구성하는 원자들 간의 비는 원소 기호 뒤에 아래 첨자를 써서 나타내면 되었다. 탄소 원자 1개와 산소 원자 2개가 결합해 만들어지는 이산화탄소는 CO_2로 쓰는 방식이었다. 이로써 화학은 그림을 사용해 원소를 나타내던 방식에서 벗어나 마침내 보편적이고 체계적인 언어를 갖추었다.

원소 이름	금	은	구리	철	황
연금술사들의 기호	☉	☽	♀	♂	🜍
돌턴의 기호	Ⓖ	Ⓢ	Ⓒ	Ⓘ	⊕
베르셀리우스의 기호	Au	Ag	cu	Fe	S

원소 사이의 규칙을 찾으려는 노력이 실패로 돌아가다

이렇게 체계화되기 시작한 19세기 초 화학의 세계에서는 빠른 속도로 새로운 원소들이 발견되고 있었다. 원소들의 수가 늘면서 화학자들은 원소들 사이의 관계를 설명할 수 있는 어떤 규칙이 있을 것이라고 생각하기 시작했다.

보통 알칼리 금속은 주기율표의 1그룹(족)을 차지하는 은백색의 금속 원소를 말한다. 알칼리 금속은 모두 공통적으로 산소와 같은 비금속 원소들과 반응을 잘하고, 특히 물과 만났을 때 폭발적으로 반응해 수소 기체를 발생시킨다. 또한 알칼리 금속 중에서 나트륨과 칼륨은 모두 전기가 잘 통하고 물에 잘 녹으며 연소성도 크다. 서로 다른 금속들의 화학적 성질이

○ 알칼리 금속들 첫째 줄은 리튬(Li), 나트륨(Na), 둘째 줄 칼륨(K), 루비듐(Rb), 셋째 줄 세슘(Cs), 프랑슘(Fr). 주기율표의 1그룹을 차지하는 원소들로, 비금속 원소들과의 반응성이 크다. 특히 물과 만나면 수소 기체를 발생시킨다.

◐ 요한 볼프강 되베라이너 성질이 비슷한 원소들의 관계를 연구했다. 원소들의 원자량과 성질 사이에 상관관계가 있을 것이라고 생각했다.

비슷한 것을 보고, 원소들 사이의 화학적 규칙성을 알아내 원소들을 일정한 순서로 배열하고자 하는 욕구가 화학자들 사이에 자리 잡은 것은 아주 자연스러운 일이었다.

화학자들은 화학적으로 성질이 비슷한 원소들 사이의 관계를 원자의 질량, 즉 원자량과 연관 지어 보고자 했다. 그 첫 시도를 비교적 성공적으로 한 사람은 독일의 화학자 요한 볼프강 되베라이너(Johann Wolfgang Döbereiner, 1780~1849)였다. 독학으로 공부한 뒤, 독일 예나 대학교의 화학과 교수로 있었던 되베라이너는 원소들을 화학적 성질에 따라 세 원소씩 하나의 그룹으로 묶을 수 있다는 것을 알아냈다. 이것을 '세쌍원소설(혹은 3조 이론, triads)'이라고 한다.

되베라이너는 세 종류의 세쌍원소를 알아냈다. 화학적 성질이 비슷한 칼슘, 스트론튬, 바륨 사이의 원자량 관계를 연구한 되베라이너는 1816년에 스트론튬의 원자량 87이 칼슘 원자량 40과 바륨 원자량 137의 평균과 비슷하다는 것을 알아냈다. 또한 화학적 성질이 비슷한 리튬, 나트륨, 칼륨의 원자량을 비교해 보면 나트륨 원자량 23은 리튬 원자량 7과 칼륨 원자량 39의 평균값과 비슷했다. 되베라이너는 당시 새로 발견된 브로민(브롬)의 원자량(80)이 염소(35.5)와 아이오딘(요오드)(126.5)의 중간이 될 것이라고 예측했고, 이후 되베라이너의 예측이 맞았음이 밝혀졌다.

세쌍원소설
화학적 성질이 비슷한 세 원소 → 그룹 구성
양끝 두 원자량의 평균 = 중간 원소의 원자량

비록 적은 수의 원소였지만, 되베라이너의 세쌍원소설은 원소들 사이에 일정한 규칙성이 있음을 정량적으로 보여 주었다. 하지만 그의 생각은 받아들여지지 않았고, 동시대 화학자들은 되베라이너의 발견이 단순한 우연의 일치라고 생각했다.

되베라이너의 이론이 등장한 지 30년도 더 지난 1860년에 칼스루헤에서는 국제 화학자 회의가 열렸다. 이 회의에는 유럽 전 지역의 이름난 화학자들이 모두 참석했다. 이 회의 이후 화학자들 사이에서는 원자량을 이용해 원소 사이의 관계를 나타내려는 움직임이 활발하게 나타나기 시작했다.

원소들을 원자량이 증가하는 순서대로 배열하면 일정한 간격으로 비슷한 성질을 지닌 원소가 반복되어 나타난다. 이것을 '원소의 주기성'이라고 한다. 원소의 주기성을 처음으로 알아낸 사람은 프랑스의 지질학자 알렉

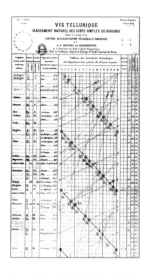

❂ 드샹쿠르투어의 지구 나선 구조 성질이 비슷한 원소들이 원통에서 일렬로 배열되었다.

산드르 에밀 베기어 드샹쿠르투아(Alexandre-Émile Béguyer de Chancourtois, 1820~1886)이다.

1862년에 드샹쿠르투아는 원소들 사이의 관계를 알아내기 위해 지구 나선이라는 것을 고안했다. 그는 금속 원통을 일정하게 16개의 부분으로 나눈 다음, 원소 24개를 원자량의 증가 순서에 따라 원통에 나선 모양으로 그려 넣었다. 그는 산소의 원자량 16을 기준으로 하고 다른 원소들의 원자량은 그 비교 값으로 나타냈다.

그 결과 드샹쿠르투아는 비슷한 화학적 성질을 가진 원소가 원통의 수직 방향으로 배열된다는 것을 발견했다. 이는 비슷한 성질을 가진 원소가 규칙적인 간격으로 나타난다는 것을 의미했다. 하지만 드샹쿠르투아의 논문에는 그림이 실리지 않아서 그의 설명을 이해하고 그 의미를 알아챈 화학자들은 거의 없었다.

멘델레예프의 주기율표가 등장하기 이전까지 원소들 사이의 주기성을 발견하려는 시도들 중 가장 진일보했던 것은 영국의 화학자 존 알렉산더 레이나 뉴랜즈(John Alexander Reina Newlands, 1837~1898)의 주기율표일 것이다. 그는 원자량이 커지는 순서대로 원소들을 7개씩 수직 방향으로 나열하면 같은 가로줄에 위치하는 원소들끼리는 화학적 성질이 비슷하다는 것을 알아냈다.

뉴랜즈는 1863년부터 1866년 사이에 발표한 논문들에 원소들을 원자량의 순서대로 배열하면 여덟 번째 원소마다 비슷한 성질이 나타난다는 내용을 담았다. 마치 피아노의 한 옥타브에서 여덟 번째에 오는 '도'가 다음 번 옥타브의 첫 음 '도'가 되는 것처럼, 어떤 원소에서 출발해서 여덟 번째에 오는 원소는 처음 원소와 같은 화학적 성질을 가진다고 생각했던 것이다. 이를 '옥타브 법칙'이라고 한다.

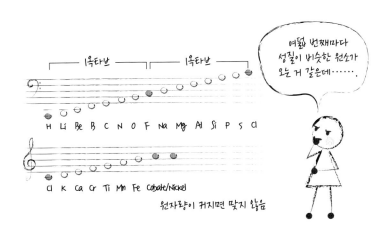

뉴랜즈의 옥타브 법칙은 원소들의 성질에 일정한 규칙성이 있음을 잘 보여 주었다. 하지만 뉴랜즈의 표는 원자량이 상대적으로 작은 원소들에서는 잘 맞았지만, 원자량이 커지면 잘 맞지 않았다.

옥타브 법칙의 한계가 드러나자 결국 뉴랜즈는 많은 화학자들의 조롱거리가 되고 말았다. 1865년의 영국 화학회에서 뉴랜즈는 차라리 원소들을 알파벳 순서대로 늘어놓는 것이 더 낫겠다는 조롱까지 들어야 했고, 화학회는 뉴랜즈의 논문을 출판조차 해 주지 않았다. 뉴랜즈의 논문은 멘델레예프의 주기율표가 공식적으로 인정받고 난 이후인 1884년경에야 출판될 수 있었다고 한다.

원소 사이의 주기적 특성을 찾으려는 화학자들의 노력은 이후에도 계속되었다. 1865년에는 윌리엄 오들링(William Odling, 1829~1921)이라는 화학자가 원소를 원자량이 증가하는 순서대로 배열했는데 이것은 멘델레예프의 초기 주기율표와 유사했다. 1867년에는 덴마크 출신의 미국 화학자 구스타브 힌리히스(Gustavus Hinrichs, 1836~1923)가 원자량에 기반을 둔 나선 모양의 주기율 체계를 고안해 내기도 했다. 1868년에는 독일의 화학자 율리우스 로타어 마이어(Julius Lothar Meyer, 1830~1895)가 멘델레예프의 주기율표와 비슷한 주기율표를 독자적으로 만들었다. 마이어의 주기율표와 멘델레예프의 주기율표는 여러 가지 면에서 유사했지만, 결국 주기율표 발명의 영광은 멘델레예프에게 돌아갔다.

◐ 드미트리 이바노비치 멘델레예프 원자량에 따라
원소들을 정리해 주기율표를 만들었다.

멘델레예프, 원소를 정리해 주기율표를 만들다

드미트리 이바노비치 멘델레예프(Dmitry Ivanovich Mendeleyev, 1834~
1907)는 1834년 2월 8일(율리우스력으로 1월 27일)에 시베리아 서쪽에 있
는 토볼스크에서 14명의 형제들 중 막내로 태어났다.

고등학교 교장이던 멘델레예프의 아버지는 멘델레예프가 태어나던 해
에 눈이 멀기 시작했다. 멘델레예프의 어머니는 생계비를 벌기 위해 토볼
스크 북쪽 마을에 있던 친정아버지의 유리 공장을 다시 열었다. 멘델레예
프의 어머니는 변변한 학교가 없던 그곳에 자식들을 보낼 학교를 직접 세
울 만큼 교육에 열정적이었다. 1847년, 멘델레예프가 13살이 되던 해에
멘델레예프의 가족들은 일련의 재앙을 겪는다. 멘델레예프의 아버지가
세상을 떠났고, 유리 공장까지 불에 타 버린 것이다.

멘델레예프가 15살이 되던 1849년에 멘델레예프의 어머니는 아직 덜
성장한 두 자녀, 멘델레예프와 그의 누이를 데리고 모스크바로 떠났다. 과
학에 뛰어난 재능을 가진 멘델레예프가 대학 교육을 받을 수 있는 곳으로

옮겨야겠다는 생각으로 한 선택이었다. 하지만 당시 모스크바에 있는 대학교는 지역별로 입학생 수가 정해져 있었고, 시베리아 출신에게는 할당된 인원이 없었다. 모스크바에 있는 대학교에 진학할 수 없다는 것을 알게된 멘델레예프의 어머니는 상트페테르부르크로 갔다.

상트페테르부르크에서 멘델레예프는 교사를 양성하는 중앙 사범 대학교에 입학 허가를 받았을 뿐만 아니라 충분한 양의 정부 장학금도 받을 수 있었다. 하지만 기쁨도 잠시, 약 두 달 후에 어머니가, 그리고 그로부터 약 1년 뒤에 누이까지 세상을 떠나고, 멘델레예프 자신마저 결핵에 걸리게 되었다. 하지만 고통과 절망을 이겨낸 멘델레예프는 결국 졸업도 하고 교사 자격증도 따냈다. 약 1년간 교사 일을 한 멘델레예프는 이후 상트페테르부르크 대학교로 돌아와 연구원으로 일하면서 과학 연구에 매진했다.

25살이던 1859년에 멘델레예프는 액체의 물리적 성질에 관한 연구로 정부 장학금을 받아 파리와 하이델베르크에서 공부할 기회를 얻었다. 그는 이 두 지역에서 다양한 최신 화학 지식을 접할 수 있었다. 그뿐만 아니라 멘델레예프는 1860년에 열린 아주 중요한 회의에 참석했는데, 바로 칼스루헤 국제 화학자 회의였다. 이 회의에 참석했던 멘델레예프는 원소의 본질과 원자량에 대해 더욱더 잘 이해하게 되었고, 원자량을 바탕으로 원소들 사이의 규칙성을 찾기 위한 실마리를 얻었다.

이후 러시아로 돌아온 멘델레예프는 최신의 화학 지식을 소개하는 유명한 화학 강사가 되었고, 불과 60일 만에 500쪽 분량의 화학 교과서를 써서 돈도 많이 벌었다. 이후 박사 학위를 받고 32살에 상트페테르부르크 대학교의 일반화학 교수로 임명된다. 이곳에서 멘델레예프는 여기저기 흩

○ 멘델레예프의 첫 번째 주기율표 멘델레예프가 처음으로 발표한 주기율표이다. 발견되지 않은 원소는 빈칸으로 남겨 놓은 것을 볼 수 있다.

어져 있는 화학 지식들을 하나의 원리로 묶는 통일된 이론 체계를 만들겠다는 원대한 꿈을 품게 된다. 화학도 물리학처럼 규칙과 원리, 체계가 지배하는 학문으로 만들겠다는 꿈이었다.

1869년 2월, 멘델레예프는 자신이 집필하던 화학 교과서《화학의 원리》의 새로운 장(chapter)에 어떤 원소를 배치할지 고민하고 있었다. 멘델레예프는 원소들의 배열 순서를 결정할 기본 원리를 발견하고 싶어 했다. 그 열쇠가 원자량에 있다는 것만은 분명히 느끼고 있었던 멘델레예프는 원소들의 성질과 원자량을 적은 카드를 두고 치열하게 고민했다. 그리고 마침내 1869년 3월 1일, 〈원소의 구성 체계에 관한 제안〉이라는 논문에서 오늘날의 주기율표와 유사한 주기율표를 제시했다.

멘델레예프는 이 주기율표에서 당시까지 알려져 있었던 원소 63개를 분류했다. 그는 63개의 원소들을 원자량이 증가하는 순서대로 세로로 배치해 나갔다. 따라서 오늘날의 주기율표에서 비슷한 성질을 가진 원소들이 세로 방향으로 배열되는 것과는 달리 멘델레예프의 첫 주기율표에서는 비슷한 성질을 가진 원소들이 가로 방향으로 배열되었다. 멘델레예프의 첫 주기율표는 원소들의 성질이 주기성을 가진다는 사실을 명확하게 보여 주었다.

자신보다 앞서 원소의 주기성을 연구한 여러 화학자들과는 달리 멘델레예프는 주기율 법칙의 근본적인 의미를 잘 알고 있었다. 원자들이 결합할 때 각각의 원자들은 일정한 결합력을 가진다. 이 결합력을 원자가라고 하는데, 멘델레예프의 주기율표에서는 원자가가 정확하게 반복된다. 그는 이 원칙에 따라 합당한 원소가 없는 경우는 원소의 자리를 빈칸으로 남겨 놓았다. 멘델레예프는 러시아 화학회의에서 주기율표를 발표하면서 아래의 8가지 기본 생각들을 함께 제시했다.

1. 원소들을 원자량에 따라 배열하면 성질의 주기성이 명확하게 나타난다.
2. 화학적 성질이 비슷한 원소들은 비슷한 원자량을 갖거나(예: 백금, 이리듐, 오스뮴), 원자량이 규칙적으로 증가한다.(예: 칼륨, 루비듐, 세슘)
3. 각 그룹의 원소들을 원자량 순으로 배열하면 원자가가 일치하거나, 뚜렷한 화학적 성질이 일치한다.
4. 가장 널리 분포된 원소들은 원자량이 작다.
5. 분자의 크기가 화합물의 특징을 결정하는 것처럼, 원자량의 크기는 원소의 특징을 결정한다.
6. 아직 알려지지 않은 원소들이 많이 발견될 것이다. 예를 들어, 원자량이 65와 75 사이에 있고, 알루미늄과 규소와 유사한 성질을 가진 두 원소가

발견될 것이다.

7. 인접한 원소들에 대한 지식이 늘면, 원자량도 수정될 것이다. 예를 들면, 텔루륨의 원자량은 128이 될 수 없고, 123과 126 사이에 놓일 것이다.

8. 특정 원소의 원자량을 알면 원소의 성질도 예상할 수 있다.

－멘델레예프

멘델레예프의 주기율표가 곧바로 지지를 받았던 것은 아니었다. 하나의 법칙으로 받아들이기에는 멘델레예프의 주기율표에 허점이 너무 많았기 때문이다. 멘델레예프의 주기율표는 원자량과 원자 성질 사이에 일치되지 않는 지점들이 있었고, 또 원자가도 순서가 잘 맞지 않았다. 하지만 멘델레예프는 곧 든든한 지원군을 얻었다.

멘델레예프가 주기율표를 발표한 다음 해에 독일의 화학자 마이어가 독자적으로 주기율표를 발표한다. 마이어는 1868년에 주기율표를 만들었지만 자신의 표를 발표하지 않고 있다가 멘델레예프의 첫 번째 주기율표가 발표된 다음 해인 1870년에야 주기율에 대한 자신의 이론을 발표했다. 마이어의 주기율표는 멘델레예프의 주기율표와 아주 유사했다. 마이어도 멘델레예프처럼 원자량 순서대로 원소들을 세로 방향으로 배열했고, 원소들의 성질이 반복되기 시작하면 행을 바꾸는 방식으로 주기율표를 만들었다. 마이어는 주기율표에 대한 멘델레예프의 업적을 인정했고, 이는 멘델레예프에게 큰 힘이 되었다.

멘델레예프는 1871년에 훨씬 개선된 주기율표가 들어 있는 두 번째 논문을 발표했다. 이 두 번째 주기율표에서 멘델레예프는 이전의 주기율표

Reihen	Gruppe I. — R²O	Gruppe II. — RO	Gruppe III. — R²O³	Gruppe IV. RH⁴ RO²	Gruppe V. RH³ R²O⁵	Gruppe VI. RH² RO³	Gruppe VII. RH R²O⁷	Gruppe VIII. — RO⁴
1	H=1							
2	Li=7	Be=9.4	B=11	C=12	N=14	O=16	F=19	
3	Na=23	Mg=24	Al=27.3	Si=28	P=31	S=32	Cl=35.5	
4	K=39	Ca=40	—=44	Ti=48	V=51	Cr=52	Mn=55	Fe=56, Co=59, Ni=59, Cu=63.
5	(Cu=63)	Zn=65	—=68	—=72	As=75	Se=78	Br=80	
6	Rb=85	Sr=87	?Yt=88	Zr=90	Nb=94	Mo=96	—=100	Ru=104, Rh=104, Pd=106, Ag=108.
7	(Ag=108)	Cd=112	In=113	Sn=118	Sb=122	Te=125	J=127	
8	Cs=133	Ba=137	?Di=138	?Ce=140	—	—	—	
9	(—)	—						
10			?Er=178	?La=180	Ta=182	W=184	—	Os=195, Ir=197, Pt=198, Au=199.
11	(Au=199)	Hg=200	Tl=204	Pb=207	Bi=208			
12	—	—	—	Th=231	—	U=240	—	

❂ 멘델레예프의 두 번째 주기율표 1871년에 발표한 두 번째 주기율표이다. 발견되지 않은 원소들은 '—'로 표기했다.

와는 달리 원자량이 증가하는 순서대로 원소들을 가로로 배열했다. 따라서 멘델레예프의 두 번째 주기율표는 오늘날의 주기율표처럼 성질이 비슷한 원소들이 세로로 배열되어 있다. 멘델레예프의 주기율표는 세로로 8개의 그룹(족), 가로로 12행으로 이루어져 있다.

멘델레예프와 마이어가 거의 동시에 유사한 형태의 주기율표를 만들었음에도 불구하고 주기율표 발견의 우선권이 멘델레예프에게 돌아간 이유는 무엇일까?

첫째로는 주기율표를 공식적으로 발표한 순서가 멘델레예프가 더 빨랐기 때문이다. 주기율표를 만든 것은 마이어가 먼저였지만 발표는 멘델레예프가 더 빨랐다.

둘째 이유는 멘델레예프가 자신의 주기율표에 들어갈 합당한 원소가 없을 경우에는 무리하게 원소의 순서를 정하는 대신에 빈칸으로 남겨 놓았다는 점 때문이다. 멘델레예프는 알루미늄과 인듐 사이에 당시까지 알려지지 않았던 원소가 놓여 있을 것이라고 생각하고, 에카알루미늄이라는 이름까지 붙여 놓았다. 그는 에카알루미늄의 원자량이 68일 것이라고 예측했다. 또한 규소와 주석 사이에는 원자량이 70인 원소(1871년 주기율표에서는 72로 수정했다.)가 있을 것이라고 예측하고 이 원소에 에카실리콘이라는 이름을 붙였다. 멘델레예프는 자신의 주기율표에서 나타나는 주기성을 바탕으로 새로 발견될 원소의 성질까지 정확하게 예측했던 것이다.

셋째, 멘델레예프는 비슷한 성질을 가진 원소들을 한 그룹으로 묶기 위해서 원자량의 성질을 무시하고 원소들의 자리를 바꾸는 대담한 시도를 했다. 즉 원자의 성질을 맞추기 위해서 그때까지 알려진 원자량을 수정하는 시도를 했던 것이다.

멘델레예프의 주기율표 특징
성질이 비슷한 원소 - 세로 배치
세로 8열, 가로 12행
발견되지 않은 원소 - 빈칸으로 남김

멘델레예프가 주기율표에 남겨 두었던 빈자리를 채워 줄 새로운 원소들이 발견되자 비로소 과학자들은 멘델레예프의 주기율표를 인정했다. 1875년에 프랑스 화학자 파울 에밀 르코크 드 부아보드랑(Paul-Émile Lecoq de Boisbaudran, 1838~1912)은 피레네산맥의 광산에서 가지고 온 황화 아연에서 새로운 원소를 추출해 냈고, 이 새로운 원소에 갈륨이라는 이름을 붙였다. 프랑스를 라틴어로 부르면 '갈리아'이기 때문에 자신의 조국

갈리아를 따라서 '갈륨'이라고 원소 이름을 지었다는 이야기도 있고, 자신의 중간 이름인 르코크(Lecoq)의 라틴어인 '갈루스'를 따서 원소 이름을 지었다는 이야기도 있다. 드 부아보드랑은 갈륨의 원자량이 69이며, 이 새로운 원소가 멘델레예프가 예측했던 에카알루미늄의 성질과 같다는 것을 알아냈다.

1886년에는 독일 화학자 클레멘스 알렉산더 빙클러(Clemens Alexander Winkler, 1838~1904)가 독일 프라이부르크 근처의 광산에서 저마늄(게르마늄)이라는 새로운 원소를 발견했는데, 이 저마늄은 멘델레예프가 주장했던 에카실리콘이었음이 밝혀졌다.

새로운 원소들을 정확히 예측했고 그 사실이 입증되자 멘델레예프의 주기율 법칙은 점차 받아들여졌다. 여기저기 흩어져 있던 원소에 관한 개별적인 지식들은 주기율표라는 견고한 체계 아래 통합되었다.

원자를 배열하는 기준이 달라지다

주기율표는 이후 여러 변화 과정을 겪었다. 그중 하나가 0족 원소의 발견이다. 0족 원소는 오늘날 주기율표의 가장 오른쪽 그룹으로 헬륨, 네온, 아르곤 등을 포함한다.

영국 물리학자 존 레일리(Lord John Rayleigh, 1842~1919)는 1882년경 기체 원소의 밀도를 측정하는 실험을 하다가 대기 중에서 얻은 질소가 화학적으로 만든 질소보다 약간 더 무겁다는 사실을 발견했다. 영국 화학자 윌리엄 램지(William Ramsay, 1852~1916)는 대기 중의 질소에 밝혀지지 않은 성분이 들어 있는지 확인하는 실험을 했고, 그 결과 그때까지 알려지지 않은 새로운 기체를 얻었다. 이 기체는 원자량이 40이었고, 다른 기체들과는 달리 단원자 상태로 존재했으며, 반응성이 전혀 없었다. 이 기체에는 '아르곤'이라는 이름이 붙었는데, 이는 그리스어로 '게으르다'는 뜻이다.

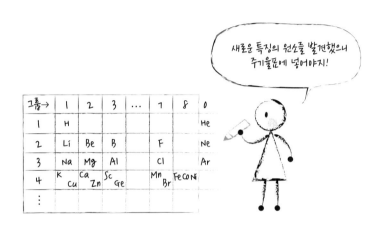

이어서 헬륨, 크립톤, 네온, 크세논이 발견되자 램지와 같은 화학자들은 이 기체 원소들을 주기율표에 새 그룹으로 추가해야 한다고 주장했다. 멘델레예프도 이 기체들을 0족에 위치시키는 데 동의했다.

그런데 주기율표에는 이보다 훨씬 더 큰 변화가 일어나고 있었다. 원자를 배열하는 기준이 달라지기 시작한 것이다. 19세기 말~20세기 초에 실행된 원자에 관한 새로운 연구들은 주기율표의 새로운 이론적 토대가 되었고, 원자들 사이에 이루어지는 화학 결합의 기본 원리에 관한 새로운 아이디어를 제공했다.

영국의 물리학자 헨리 귄 제프리스 모즐리(Henry Gwyn-Jeffreys Moseley,

● 헨리 귄 제프리스 모즐리 원자 번호에 따라 주기율표를 새로 만들었다.

1887~1915)는 20세기 초 원자 연구 물결의 한가운데 있었다. 이 시기에는 음극선 연구나 엑스선 회절 연구 등을 통해 원자 구조에 관한 연구가 활발하게 이루어지고 있었고, 동위 원소 개념이 정립되고 있었으며, 새로운 방사성 원소들이 발견되었다.

모즐리가 10살이 되던 1897년에 영국의 물리학자 톰슨은 원자들이 전자들로 이루어져 있음을 밝혔고, 이를 바탕으로 양전하가 골고루 분포된 구에 음전하를 띤 전자들이 골고루 분포된 원자 모형을 제시했다. 1911년에는 뉴질랜드 출신의 영국 물리학자 어니스트 러더퍼드(Ernest Rutherford, 1871~1937)가 중심에 양전하를 띤 원자핵이 있고 그 주변을 전자가 돌고 있는 새로운 원자 모형을 제시했다.

모즐리는 1910년부터 영국 맨체스터 대학교에서 당시 물리학과장으로 있던 러더퍼드의 지도를 받으며 연구를 시작했다. 모즐리는 그 당시 막 부상하던 엑스선 회절법에 큰 관심을 가지고 있었다. 음극선관에서 표적 원자에 전자를 쏘면 원자 내부에서 엑스선이 방출되는데, 모즐리는 이 엑스선이 회절되어 생기는 스펙트럼을 연구했다.

연구 과정에서 모즐리는 각 원소마다 생성하는 엑스선의 진동수가 서로 다르다는 사실을 발견했다. 원소들에서 방출되는 엑스선의 진동수가 주기율표에 있는 원소 순서대로 일정하게 증가한 것이다.

당시의 여러 실험 결과들은 원자핵의 전하량(전자의 수)이 원자 번호(양성자의 수)와 같다는 사실을 보여 주고 있었다. 바로 이 시점에서 모즐리는 모든 원자들의 엑스선 진동수를 조사하기 시작했고, 결국 음극선을 어떤 원자에 쏘았을 때 방출되는 엑스선 진동수의 제곱이 그 원자의 원자 번호와 비례한다는 '모즐리의 법칙'을 발견했다.

모즐리의 발견은 원소의 화학적 성질이 원자량이 아니라 원자 번호에 의해 결정된다는 것을 확실하게 보여 주었다. 원소의 성질은 원자 번호의 증가에 따라 반복되어 나타나는 주기성을 띠고 있었다.

모즐리의 법칙

$(원자의 엑스선 진동수)^2 \propto$ 양성자의 수(원자 번호)

양성자의 수: 원소의 화학 성질 결정

모즐리의 체계는 멘델레예프 체계의 단점을 보완할 수 있도록 해 주었다. 멘델레예프가 정리하고 이후 화학자들이 개선한 주기율표는 원자량의 순서에 따라 원자들을 배열했다. 하지만 이 방식에는 원자량의 순서에 따른 원자 배열과 원자의 성질(원자 번호)에 따른 원자 배열이 일치하지 않는다는 문제가 있었다. 니켈과 코발트의 경우, 원자량은 코발트(58.933)가 니켈보다(58.693) 약간 더 크지만 화학적 성질로 따져 보면 코발트가 니켈 앞에 놓여야 했다. 아르곤과 칼륨, 텔루륨와 아이오딘도 비슷한 문제를 안고 있었다. 모즐리의 원소 배열 방식은 멘델레예프의 원소 순서를 원자 번호가 증가하는 순서로 재배열해야 함을 의미했다.

모즐리의 체계를 따르면 원소 번호를 더 정확하게 할 수 있을 뿐만 아니라 어떤 원소들이 발견되지 못했는지, 그리고 그 원소들의 엑스선 스펙트럼은 어때야 하는지가 더 잘 드러났다. 오늘날의 주기율표는 원자 번호에 바탕을 둔 모즐리의 주기율표를 원형으로 한다.

원자 번호로 주기율표를 만들었을 때와 원자량으로 주기율표를 만들었을 때 차이가 났던 이유는 1932년에 채드윅이 중성자의 존재를 알아내면서 밝혀졌다. 원자의 핵은 양성자와 중성자로 이루어진다. 원자의 성질은 양성자의 수에 따라 결정되는 데 반해 원자의 질량은 양성자와 중성자, 전자가 모두 모여서 결정된다. 따라서 둘 사이에 차이가 생길 수밖에 없었던 것이다.

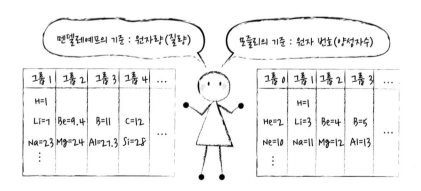

1920년대 중반 이후에는 양자역학이 확립되면서 원자 내에서의 전자 배열을 새롭게 이해하게 되었다. 보어의 원자 모형에서 전자가 도는 궤도들의 모임을 전자껍질이라고 하는데, 이 전자껍질은 여러 겹이 존재하고 크기가 큰 원자일수록 더 많은 전자껍질을 가진다. 과학자들은 같은 그룹을 이루는 원소들의 화학적 성질이 같은 이유는 가장 바깥쪽 전자껍질에 있는 최외각 전자의 수가 같기 때문이라는 것을 밝혀냈다.

양자역학이 더 발달하면서 원자 모형을 전자가 존재할 확률을 표시하는 전자구름 모형으로 바꾸었다. 전자 궤도를 확률 분포로 나타내는 오비탈 개념의 등장은 원소들의 배열 순서를 새로운 방식으로 이해하도록 했다.

주양자수라고도 불리는 전자껍질은 K, L, M, N으로 표시하고, 그 값은 1, 2, 3, 4와 같은 정수로 나타낸다. 전자가 존재할 확률을 표시한 오비탈은 전자껍질 안에 들어가는데, 전자껍질에 따라 들어가는 종류가 제한된다. K 껍질에는 s 오비탈만 들어가고, L 껍질에는 s 오비탈과 p 오비탈이 들어갈 수 있다. M 껍질에는 s, p, d 세 종류의 오비탈이 들어갈 수 있고, N 껍질에는 s, p, d, f 오비탈이 들어갈 수 있다. 이런 s, p, d, f 오비탈을 부양자수라고 한다.

전자껍질(주양자수) : K(1), L(2), M(3), N(4)
오비탈(부양자수) : s, p, d, f
　　　　　전자껍질에 들어감

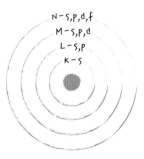

전자는 에너지 준위가 낮은 전자껍질부터 순서대로 채워지며 한 오비탈에는 전자가 최대 2개까지 들어간다. 산소와 네온의 전자 배치를 살펴보자. 원자 번호 8번인 산소 원자는 양성자 수가 8개니까 전자의 수도 8개이다. 이 8개의 전자들이 1s 2s 2p의 순서대로 오비탈을 채워 나가면 마지막 2p 오비탈에는 전자가 1개 있는 오비탈이 2개가 있게 된다. 오비탈 모형은 화학 결합이 일어날 때 왜 산소 원자가 전자를 2개 얻어서 O^{2-}가 되는지를 아주 잘 설명해 준다. 반대로 네온은 전자껍질이 꽉 채워져 있기 때문에 전자가 들어가거나 나갈 공간이 없다. 이것은 네온이 불활성일 것임을 의미한다.

오비탈에 전자를 채워 나가는 순서는 1s, 2s, 2p, 3s, 3p, 4s, 3d, 4p, 5s, 4d, 5p, 6s, 4f, 5d, 6p, 7s, 5f, 6d, 7p이다. 오늘날의 주기율표에서 원자들이 배열되는 순서는 바로 이 오비탈에 전자를 채워 나가는 순서와 같다.

산소와 네온의 전자 배치

전자 껍질	K	L				전자 배치
주양자수	1	2				
오비탈 종류	s	s	P			
원자 8O	↑↓	↑↓	↑↓	↑	↑	$1s^2 \ 2s^2 \ 2p^4$
원자 10NE	↑↓	↑↓	↑↓	↑↓	↑↓	$1s^2 \ 2s^2 \ 2p^6$

주기율표, 화학 발전의 이정표가 되다

주기율표는 당대의 물리적·화학적 연구 성과들을 반영하면서 계속 변화해 왔다. 2016년 11월에 그동안 비어 있었던 원자 번호 117번 테네신이 원소로 공식적으로 인정받음으로써 주기율표에는 모두 118종의 원소가 채워졌다. 주기율표에는 지구상에 자연적으로 존재하는 원소 91종뿐만 아니라 인공적으로 합성한 원소들도 포함된다.

멘델레예프와 모즐리는 주기율표 발전의 이정표가 된 대표적인 인물들이지만 모두 노벨상과는 인연이 없었다. 멘델레예프는 1906년에 노벨상 후보로 지명되었지만, 노벨상 수상의 영광은 1886년에 플루오린을 처음으로 분리한 프랑스 화학자 앙리 무아상((Henri Moissan, 1852~1907)에게 돌아갔다. 멘델레예프는 이 심사에서 1표 차이로 떨어졌다. 멘델레예프는 다음 번 노벨 위원회가 소집되기 전인 1907년 1월에 사망했다.

원소를 원자 번호에 따라 배열해야 한다는 사실을 알아낸 모즐리의 삶은 더욱 비극적으로 끝났다. 모즐리는 영국 육군 통신병으로 제1차 세계 대전에 참전했다가 터키군의 총알을 머리에 맞고 28살의 젊은 나이로 세상을 떠났다. 많은 과학자들이 천재적이었던 젊은 과학자의 죽음을 애통해했다.

주기율표는 원소들 사이의 규칙성을 체계적으로 설명할 수 있는 이론적 기초이자, 새로운 원소를 찾는 여정에서 쌓아 온 지적 성과의 반영물이다. 멘델레예프와 모즐리의 삶은 끝났지만 우리는 오늘날까지도 멘델레예프가 기초를 놓고 모즐리의 법칙을 반영한 주기율표를 사용하고 있다.

현재의 주기율표

주기 \ 족	알칼리 금속 1 (1A)	알칼리 토금속 2 (2A)	희토류 3 (3B)	타이타늄족 4 (4B)	바나듐족 5 (5B)	크로뮴족 6 (6B)	망가니즈족 7 (7B)	철족,백금족 8 (8B)	9 (8B)	10 (8B)
1	1 **H** 수소 1.008									
2	3 **Li** 리튬 6.94	4 **Be** 베릴륨 9.0122								
3	11 **Na** 나트륨 22.9898	12 **Mg** 마그네슘 24.3050								
4	19 **K** 칼륨 39.0983	20 **Ca** 칼슘 40.078	21 **Sc** 스칸듐 44.9559	22 **Ti** 타이타늄 47.867	23 **V** 바나듐 50.9415	24 **Cr** 크로뮴 51.9961	25 **Mn** 망가니즈 54.9380	26 **Fe** 철 55.845	27 **Co** 코발트 58.9332	28 **Ni** 니켈 58.6934
5	37 **Rb** 루비듐 85.4678	38 **Sr** 스트론튬 87.62	39 **Y** 이트륨 88.9059	40 **Zr** 지르코늄 91.224	41 **Nb** 나이오븀 92.9064	42 **Mo** 몰리브데넘 95.96	43 **Tc** 테크네튬 (98)	44 **Ru** 루테늄 101.07	45 **Rh** 로듐 102.9055	46 **Pd** 팔라듐 106.42
6	55 **Cs** 세슘 132.9055	56 **Ba** 바륨 137.327	57 **La** 란타넘 138.9055	72 **Hf** 하프늄 178.49	73 **Ta** 탄탈럼 180.9479	74 **W** 텅스텐 183.84	75 **Re** 레늄 186.207	76 **Os** 오스뮴 190.23	77 **Ir** 이리듐 192.217	78 **Pt** 백금 195.084
7	87 **Fr** 프랑슘 (223)	88 **Ra** 라듐 (226)	89 **Ac** 악티늄 (227)	104 **Rf** 러더포듐 (265)	105 **Db** 더브늄 (268)	106 **Sg** 시보귬 (271)	107 **Bh** 보륨 (270)	108 **Hs** 하슘 (277)	109 **Mt** 마이트너륨 (278)	110 **Ds** 다름슈타튬 (281)

범례:
- 금속 원소
- 비금속 원소
- 전이 원소(금속)
- 전이후 금속 원소
- 준금속 원소
- 특성 불명

원자번호 / 원소기호 / 원소이름 / 원자량

내부 전이원소
- 란타넘족
- 악티늄족

58 **Ce** 세륨 140.116	59 **Pr** 프라세오디뮴 140.9077	60 **Nd** 네오디뮴 144.242	61 **Pm** 프로메튬 (145)	62 **Sm** 사마륨 150.36	63 **Eu** 유로퓸 152.964
90 **Th** 토륨 232.0380	91 **Pa** 프로악티늄 231.0359	92 **U** 우라늄 238.0289	93 **Np** 넵투늄 (237)	94 **Pu** 플루토늄 (244)	95 **Am** 아메리슘 (243)

구리족	아연족	붕소족	탄소족	질소족	산소족	할로겐족	비활성 기체
11 (1B)	12 (2B)	13 (3A)	14 (1A)	15 (5A)	16 (6A)	17 (7A)	18 (8A)
							2 He 헬륨 4.0026
		5 B 붕소 10.81	6 C 탄소 12.011	7 N 질소 14.007	8 O 산소 15.999	9 F 플루오린 18.9984	10 Ne 네온 20.1797
		13 Al 알루미늄 26.9815	14 Si 규소 28.085	15 P 인 30.9738	16 S 황 32.06	17 Cl 염소 35.45	18 Ar 아르곤 39.948
29 Cu 구리 63.546	30 Zn 아연 65.38	31 Ga 갈륨 69.723	32 Ge 저마늄 72.63	33 As 비소 74.9216	34 Se 셀레늄 78.96	35 Br 브로민 79.904	36 Kr 크립톤 83.798
47 Ag 은 107.8682	48 Cd 카드뮴 112.411	49 In 인듐 114.818	50 Sn 주석 118.710	51 Sb 안티모니 121.769	52 Te 텔루륨 127.60	53 I 아이오딘 126.9045	54 Xe 제논 131.293
79 Au 금 196.9666	80 Hg 수은 200.59	81 Tl 탈륨 204.38	82 Pb 납 207.2	83 Bi 비스무트 208.980	84 Po 폴로늄 (209)	85 At 아스타틴 (210)	86 Rn 라돈 (222)
111 Rg 뢴트게늄 (280)	112 Cn 코페르니슘 (285)	113 Nh 니호늄 (284)	114 Fl 플레로븀 (289)	115 Mc 모스코븀 (290)	116 Lv 리버모륨 (293)	117 Ts 테네신 (294)	118 Og 오가네손 (294)

64 Gd 가돌리늄 157.25	65 Tb 터븀 158.9253	66 Dy 디스프로슘 162.500	67 Ho 홀뮴 164.9303	68 Er 어븀 167.259	69 Tm 툴륨 168.9342	70 Yb 이터븀 179.054	71 Lu 루테튬 174.9668
96 Cm 퀴륨 (247)	97 Bk 버클륨 (247)	98 Cf 캘리포늄 (251)	99 Es 아인슈타이늄 (252)	100 Fm 페르뮴 (257)	101 Md 멘델레븀 (258)	102 No 노벨륨 (259)	103 Lr 로렌슘 (266)

주기율표에는 모두 118개의 원소가 들어 있다. 이런 원소 중에는 발견자의 이름을 따거나 발견된 장소 혹은 발견자의 국가 이름을 딴 것들도 있다.

발견자의 국가 이름을 딴 원소에는 어떤 것이 있을까? 화학자 클레멘스 빙클러는 은광석에서 발견한 반도체 물질에 자신의 조국 독일을 의미하는 저마늄(Germanium, Ge)이라는 이름을 붙였다. 멘델레예프는 1869년에 주기율표를 발표하면서 32번 자리에 에카실리콘이라는 원소가 있을 것이라고 예견했는데, 바로 이 저마늄이 에카실리콘이었던 것이다.

멘델레예프가 미발견 원소로 남겨 두었던 원소는 또 있었다. 바로 87번 원소 에카세슘이다. 1939년, 파리의 퀴리 연구소에서 연구 중이던 물리학자 마르그리트 카트린 페레이(Marguerite Catherine Perey, 1909~1975)는 악티늄의 방사성 붕괴 과정에서 이 87번 원소가 생성된다는 사실을 발견하고는 이 원소에 자신의 조국 프랑스의 이름을 따서 프랑슘(Francium, Fr)이라는 이름을 붙였다. 이 밖에도 마리 퀴리(Marie Curie, 1867~1934)와 그녀의 남편 피에르 퀴리(Pierre Curie, 1859~1906)가 처음 발견한 84번 원소에는 마리 퀴리의 조국인 폴란드의 이름을 따서 폴로늄(Polonium, Po)이라는 이름이 부여되었다.

국가의 이름을 넘어 대륙의 이름을 딴 원소들도 있다. 1944년에 플루토늄으로부터 인공적으로 만들어진 95번 원소는 아메리슘(Americium, Am)이라는 이름을 갖고 있다. 63번 원소인 유로퓸(Europium, Eu)은 1901년에 분리되었는데, 유럽 대륙을 따라 이름을 지었다. 이처럼 원소의 종류만큼이나 원소의 이름을 정하는 방법도 다양하다.

원소를 최초로 일정한 규칙에 따라 분류했던 사람은 라부아지에였다. 그는 당시까지 알려져 있던 원소 33종을 4그룹으로 분류했다. 1808년에 주창된 돌턴의 원자론과 함께 수소 원자를 기준으로 원자량을 정하는 방법, 그리고 그리스어와 라틴어의 첫 글자를 사용해 원소를 나타내는 방법 등이 확립되었다.

　19세기 들어 새로운 원소들이 다량으로 발견되자 화학자들은 원소들 사이의 규칙성을 찾기 시작했다. 원소들을 주기성에 따라 배열한 표를 주기율표라고 한다. 원자량에 바탕을 두고 만들어진 멘델레예프의 주기율표에서는 원자가(원자의 결합 능력)가 주기적으로 반복되어 나타났다. 이후 멘델레예프가 빈자리로 남겨 놓았던 원소들이 발견되면서 멘델레예프의 주기율표는 널리 받아들여졌다.

　새로운 원소들이 계속 추가되면서 이후 주기율표는 많은 수정 과정을 거쳤다. 모즐리는 원소의 화학적 성질이 원자량보다는 원자 번호(양성자 수=원자핵의 전하량)로 결정된다는 사실을 확인하고 원소들을 원자 번호 순서에 따라 배열할 것을 주장했다. 양자역학이 등장하자 원소들을 주기율표에 배치하는 순서가 오비탈에 전자를 채워 나가는 순서였음이 밝혀졌다.

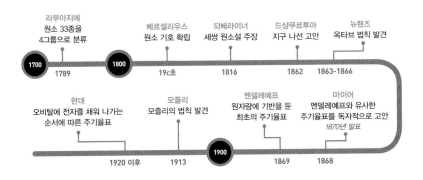

생명의 근원,
물을 탐구하다

분자 구조

과학자들은 자연을 이해하기 위해 애쓴다.
하지만 우리의 과학자로서의 불충분한 재능으로 모든 진리를 한 번에 깨달을 수는 없다.
- 토르베른 올로프 베리만 -

고대부터 오랫동안 순수한 원소로 여겨졌던 물은 우리 주변에서 가장 흔히 볼 수 있는 물질 중 하나이다. 물은 오랫동안 많은 과학자들의 탐구 대상이었다. 물에 대한 과학적 관심은 자연철학이 처음 등장한 고대 그리스에서부터 시작되었다.

지표면의 70% 이상은 물로 덮여 있고, 인체의 약 70%가 물로 이루어져 있으니 물에 대한 오랜 관심은 어쩌면 당연한 일이었을 것이다. 물은 맛과 냄새가 없으며, 3.98℃에서 밀도가 $1g/cm^3$가 되고, 1기압일 때 끓는점은 100℃, 어는점은 0℃로 알려져 있다. 외계 생명체를 찾으려는 과학자들의 시도에서도 물의 흔적이 있는지 없는지는 중요한 기준으로 작용한다.

물의 화학식이 H_2O라는 것은 기본적인 과학 교육을 받은 사람이라면 누구나 알 것이다. 과학자들이 H_2O라는 화학식을 알게 되기까지는 오랜 시간이 걸렸다. 물이 순수한 원소가 아니라 수소와 산소의 결합물이라는 사실은 18세기 말이 되어서야 밝혀졌다. 이후에 과학자들은 질량 보존의 법칙, 기체 반응의 법칙 등과 같은 여러 화학 반응의 규칙들을 만족시킬 수 있는 수소와 산소 사이의 관계를 알아내려고 노력했다.

결국은 20세기 이후 양자역학이 발달하고 이어서 양자화학이 발달하면서 수소와 산소의 관계를 더 정확하게 설명하는 일이 가능해졌다. H_2O라는 간단한 화학식 속에는 그 본질을 설명하기 위한 화학자들의 오랜 노력이 숨어 있다.

기체 연구를 통해 물이 원소라는 믿음이 깨지다

아주 오랫동안 자연철학자들은 물을 더 이상 분해할 수 없는 기본 원소라고 생각했고, 이런 생각은 18세기 후반까지 지속되었다.

물이 만물의 근원이라는 생각의 기원은 기원전 6세기 고대 그리스로 거슬러 올라간다. 최초의 자연철학자였던 탈레스는 만물의 근원을 물이라고 생각했다. 탈레스는 만물의 근본 물질이 한 종류만 있다고 보았기 때문에 탈레스의 원소설을 1원소설이라고도 부른다. 아리스토텔레스는《형이상학》에 탈레스의 생각을 다음과 같이 정리해 놓았다.

최초의 철학자들 대부분은 질료적 근원들이 모든 것의 유일한 근원이라고 생각했다. 실로 존재하는 모든 것이 그것으로 이루어지며, 그것에서 최초로 생겨났다가 소멸되어 마침내 그것으로 [되돌아가는데], 그것의 상태는 변하지만 실체는 영속하므로 그것을 그들은 원소(stoicheion)이자 근원이라고 주장한다. 그렇기 때문에 그들은 어떤 것도 생겨나지도 소멸하지도 않는다고 믿는다. 어떤 본연의 것은 언제나 보존된다고 생각하기 때문이다. …… 탈레스는 그런 철학의 창시자로서 [근원을] 물이라고 말하는데(그 때문에 그는 땅이 물 위에 있다는 견해를 내세웠다.), 아마도 모든 것의 자양분이 축축하다는 것과 열 자체가 물에서 생긴다는 것, 그리고 이것에 의해 [모든 것이] 생존한다는 것(모든 것이 그것에서 생겨나는 바의 그것이 모든 것의 근원이다.)을 보고서 이런 생각을 가졌을 것이다.

－아리스토텔레스(탈레스 외,《소크라테스 이전 철학자들의 단편선집》, 126쪽)

물질의 근원에 대한 자연철학자들의 논쟁은 이후에도 계속되었고, 기원전 5세기경에는 유명한 4원소설이 등장했다. 물질의 근원으로서 4원소들에 대해 최초로 언급한 사람은 탈레스보다 약 150년 뒤에 태어난 엠페도클레스이다. 엠페도클레스는 '불과 물과 땅과 한없이 높이 있는 공기', 이 4가지를 기본적인 원소로 생각했다. 이를 이어받아 아리스토텔레스도 물, 불, 흙, 공기를 만물의 근본 원소로 생각했다 아리스토텔레스의 4원소설은 아주 오랫동안 사람들에게 받아들여졌고, 따라서 물이 원소라는 생각도 아주 오랫동안 지속되었다.

18세기 후반에 들어서면서 화학자들은 기체 성분 연구에 큰 관심을 가지게 되었다. 이 당시에는 스코틀랜드를 중심으로 기체들을 분리해 그 성분을 분석하는 연구가 활발하게 이루어지기 시작했고, 조지프 프리스틀리와 같은 자연철학자들은 공기가 단일한 원소가 아니라 여러 기체들의 혼합물이라는 것을 밝혀내고 있었다. 이들뿐만 아니라 프랑스 파리에 있던 앙투안 라부아지에도 기체의 성질에 관한 자신의 연구 결과들을 발표하고 있었다.

물이 순수한 원소가 아니라 수소와 산소의 화합물이라는 생각은 공기에 대한 연구에서 시작되었다. 1774년에 프리스틀리는 '플로지스톤이 없는 공기'를 발견했고, 뒤이어 라부아지에는 이 '플로지스톤이 없는 공기'에 산소라는 이름을 붙였다. 라부아지에는 연소가 산소와 결합하는 현상이라는 과감한 주장을 내놓았다(3장 참조).

물의 또 다른 성분인 수소는 산소보다도 먼저 발견되었다. 1766년에 영국의 과학자 캐번디시는 금속을 산에 녹이면 기체가 발생한다는 것을 알

○ 헨리 캐번디시 캐번디시는 수소를 분리해 냈는데, 수소를 플로지스톤이라고 생각하고 '가연성 공기'라고 불렀다.

아냈다. 이때 발생하는 기체에 불을 붙여 보았더니, 펑 소리를 내며 탔기 때문에 그는 이 공기를 가연성 공기라고 불렀다. 캐번디시는 가연성 공기가 금속에서 나왔다고 생각했다. 플로지스톤 이론을 믿었던 캐번디시는 금속 안에 금속재와 플로지스톤이 합쳐져 있으며, 따라서 금속으로부터 나온 이 가연성 공기가 순수한 플로지스톤이라고 생각했다. 캐번디시는 자신이 플로지스톤을 분리해 냈다고 믿었다. 그로부터 약 10년 뒤 라부아지에는 이 기체에 수소라는 이름을 붙였다.

이 당시 화학자들의 관심을 크게 끌었던 질문 중 하나는 가연성 공기가 연소되면 무엇이 생기는가 하는 문제였다. 가연성 공기를 연소시키면 어떤 물질이 생성될 것인가라는 물음은 라부아지에를 괴롭히던 문제이기도 했다. 가연성 공기의 연소는 플로지스톤 이론으로는 잘 설명이 되었지만, 산소 연소 이론으로는 설명하기가 어려웠기 때문이다.

플로지스톤 이론에 따르면, 가연성 공기(플로지스톤, 수소)가 연소될 때는 공기 중으로 이 가연성 공기가 다 빠져나갈 것이기 때문에 생성물은 없을 것이다. 하지만 라부아지에의 산소 연소 이론은 다른 설명을 필요로 했다. 산소 연소 이론에서는 물질의 연소를 산소와의 결합으로 설명했기 때문에, 수소를 연소시키면 산소와 결합해 어떠한 생성물이 생겨야 한다. 하지만 당시까지 어떤 연소 결과물도 발견되지 않은 상태였다.

수소 연소 설명하기
플로지스톤 이론 : 플로지스톤 방출 → 생성물 없음
산소 연소 이론 : 산소와 결합 → 생성물 있어야 함(모순)
현재의 이론 : 산소와 결합 → 수증기 생성

이에 대한 해답을 찾는 과정은 프리스틀리로부터 시작된다. 1781년에 프리스틀리는 전기 불꽃을 이용해 닫힌 용기 안에서 가연성 공기와 보통의 공기를 폭발시켰다. 프리스틀리는 폭발 후 작은 물방울이 맺혀 용기 내부가 축축해진 것을 보았다. 하지만 그는 이때 생긴 이슬 자체에 크게 신경을 쓰지 않았다.

가연성 공기, 즉 수소를 태웠을 때 생기는 이슬의 성질을 좀 더 체계적으로 분석한 사람은 가연성 공기를 발견한 캐번디시였다. 캐번디시는 이슬을 모을 수 있는 도구를 이용해 프리스틀리의 연소 실험을 되풀이했다. 캐번디시는 이 실험을 통해 수소를 연소하면 용기 내부에 이슬이 생기며, 또한 용기 내부의 공기 부피가 1/5 정도 감소한다는 사실을 알아냈다. 캐번디시는 가연성 공기와 보통 공기의 1/5부피(즉 전체 공기에 대한 산소의 부피)가 응축해 이슬을 만든 것이라고 생각했다. 캐번디시는 이 이슬을 두고 이렇게 말했다.

○ 물 합성 실험을 하는 라부아지에 라부아지에는 산소와 수소를 합성해 물을 만드는 데 성공했다.

> 맛도 냄새도 없었고, 증발시켰을 때 침전물도 남지 않았으며, 증발하는 중에 코를 찌르는 냄새도 나지 않았다. 한마디로 그것은 순수한 물 같았다.
>
> -헨리 캐번디시, 〈공기에 대한 실험〉

1783년에 파리에 간 캐번디시의 조수는 캐번디시의 실험을 라부아지에에게 전해 주었다. 이 실험을 전해 들은 라부아지에는 수소의 연소를 산소 연소 이론으로 설명할 수 있음을 바로 깨달았다. 연소란 산소와의 결합이므로, 수소가 연소했을 때 물이 생성된다는 것은 물이야말로 수소와 산소의 합이라는 의미였다. 라부아지에는 가연성 공기야말로 산소와 결합해 물을 만드는 기체라고 생각하고 이 가연성 공기에 물을 생성하는 기체라는 의미로 수소(hydrogenerative gas, hydrogen)라는 이름을 붙였다. 이것은 물이 순수한 원소라는 오랜 생각에 종지부를 찍는 주장이었다.

라부아지에는 파리 과학 아카데미의 회원들을 모아 놓고 이를 확인하는 실험을 실시했다. 그는 수소를 연소시켜 물을 얻는 과정을 보여 주었을 뿐만 아니라 거꾸로 물을 수소와 산소로 분해하는 실험도 실시했다.

라부아지에는 주철관을 준비해 화로에 일정한 각도로 고정시킨 다음, 화로의 숯을 고온으로 달구어 주철관을 뜨겁게 만들었다. 그리고 주철관의 아랫부분은 기체 수집기와 연결시켰다. 물을 주철관 안으로 흘려 넣으면 뜨거운 주철관 안에서 물은 산소와 수소로 분해된다. 이때 산소는 주철관에 달라붙어 주철관을 녹슬게 만들 테고, 주철관은 결합된 산소의 무게만큼 무거워질 것이다. 주철관이 늘어난 무게와 기체 수집기 안에 생긴 수소의 무게를 더하면 처음에 들어간 물의 무게와 같을 것이라는 라부아지에의 예측은 정확하게 맞아떨어졌다.

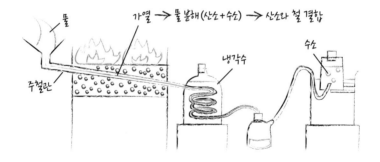

이 실험으로 라부아지에는 물이 순수한 원소가 아니라 화합물임을 확실하게 증명했다. 가연성 공기(수소)의 연소 결과로 물이 합성되며, 이 물을 분해하면 다시 산소와 가연성 공기(수소)가 된다는 것을 입증함으로써 라부아지에는 자신의 새로운 연소 이론을 완성했다. 정확한 측정을 이용한 라부아지에의 치밀한 논증 과정에 많은 화학자들은 신뢰를 보냈고, 그의 연소 이론도 점차 믿을 만한 것으로 받아들여졌다.

물질의 결합 비율은 언제나 일정하다

물이 수소와 산소의 결합으로 이루어진 화합물이라는 것이 밝혀졌다고 해서 물을 완전히 이해할 수 있게 된 것은 아니었다. 화학자들은 수소와 산소가 어떠한 비율로 결합하는지도 알고 싶어 했다.

이즈음 화학자들은 물질 변화가 일어날 때 수반되는 중요한 법칙 2가지를 알고 있었다. 그중 하나는 라부아지에가 1774년에 발표한 '질량 보존의 법칙'이다. 물론 라부아지에 이전에도 질량 보존에 대한 실험은 있었다. 헬몬트의 버드나무 실험이 그 한 예였다(2장 참조).

라부아지에가 질량 보존의 법칙에 도달한 것은 헬몬트의 실험이 이루어진 후 약 100년도 훨씬 더 지나서이다. 헬몬트의 실험을 보고 많은 화학자들은 물만 열심히 주면 식물이 잘 자랄 수 있는 이유가 물이 흙으로 변하기 때문이라고 생각했다. 따라서 거꾸로 물을 계속 증류하면 물이 흙으로 변할 수도 있을 것이라고 생각했다. 실제로 많은 화학자들이 물을 계속 증류했더니 그릇 속에 흙이 남는 것을 확인했다고 주장하고 있었다. 하지만 라부아지에는 이런 생각에 반대했다.

라부아지에도 실제로 물을 100일 동안 증류해 그릇 속에 고체가 남는 것을 확인했지만, 그는 생성된 고체의 질량만큼 물을 가열했던 그릇의 질량이 감소했다는 것도 알아냈다. 라부아지에가 보기에 그릇 속에 생성된 고체는 물이 증류되어 만들어진 것이 아니라 그릇의 일부가 떨어져 나온 것이었다. 이 실험은 어떤 반응이 일어날 때 반응 전후의 질량은 같다는 질량 보존의 법칙을 확인시켜 준 실험이기도 했다. 라부아지에는 1770년에 물과 흙의 관계에 관한 자신의 연구 결과를 발표하면서 유명해졌다.

질량 보존의 법칙
반응 물질의 총 질량 = 생성 물질의 총 질량

질량 보존의 법칙과 더불어 당시의 화학자들은 물질의 변화를 설명하는 또 하나의 아주 중요한 법칙을 알아냈다. 바로 '일정 성분비 법칙'이다. 일정 성분비 법칙이란 어떠한 화합물을 구성하는 성분 원소 사이에는 항상 일정한 질량비가 성립한다는 법칙이다. 자동차 1대에는 항상 바퀴가 4개 들어간다. 자동차를 구성하는 몸체와 바퀴 사이에는 항상 일정한 질량비가 성립하는 것처럼, 한 화합물을 이루는 원소들 사이에도 질량비가 항상 일정하게 성립한다.

일정 성분비 법칙은 프랑스의 화학자인 조제프 루이 프루스트(Joseph-Louis Proust, 1745~1826)가 발견했다. 한 화합물을 구성하는 성분비가 일정하다는 것은 한 화합물을 구성하는 성분 원소들이 항상 일정한 개수 비로 결합한다는 것을 의미한다.

일정 성분비 법칙
화합물 구성 원소의 질량비 : 일정함

한 화합물을 이루는 원소들이 3.21:1이나 2.83:1처럼 복잡한 비율이 아니라 3:1과 같이 단순한 비율로 결합한다는 일정 성분비 법칙은 존 돌턴이 원자의 개념을 도입하는 데 큰 도움을 주었다. 돌턴은 모든 물질은 눈에 보이지 않는 작은 입자로 구성되어 있다는 보일의 생각을 이용해서 일정 성

분비 법칙을 해석했다. 만약 어떤 원소의 입자 A가 다른 원소의 입자 B보다 3배 무겁다고 가정해 보자. A와 B가 1개씩 결합해 화합물을 형성한다면 그 화합물을 이루는 A와 B 사이의 무게비는 정확하게 3:1이 된다. 돌턴은 각 원소들을 이루는 이 입자를 원자라고 불렀다.

돌턴이 원자론을 도입한 데에는 기체의 압력에 관한 그의 생각이 큰 영향을 미쳤다. 기상학자이기도 했던 돌턴은 '공기는 여러 기체들의 혼합물이다. 그렇다면 밀도가 큰 공기는 아래로 내려오고 밀도가 작은 공기는 위로 올라가 기체층이 위아래로 분리되어야 할 것이다. 하지만 실제로 대기의 성분은 어느 곳이나 비슷하다. 그 이유는 무엇일까?', '원래 있던 기체에 다른 기체를 섞어도 각 기체의 압력과 용해도가 변하지 않는 이유는 무엇일까?'와 같은 질문을 던졌다. 그 과정에서 돌턴은 공기를 이루는 원소들은 일정한 성질과 질량을 갖는 아주 작은 입자인 '원자'로 구성된다는 생각을 하게 되었다. 그는 서로 다른 원자들이 일정한 비율로 결합해 화합물이 만들어진다고 생각했다.

돌턴은 1808년에 출판한 《화학철학의 새로운 체계》라는 책에서 원자 개념을 소개했다(6장 참조). 이 책에서 돌턴은 원자들이 결합해 화합물을 만드는 몇 가지 기본 규칙을 정리했는데, 그중 첫 번째가 '최대 단순성의 규칙'이었다. 그는 이 규칙에 따라 "두 원자가 결합해 만든 산물이 한 종류만 있을 경우, (반대의 경우가 나타나지 않는 한) 두 원자가 각각 하나씩 결합해 이원자 화합물을 만든다."라고 생각했다. 화합물이 형성될 때, 구성 원소 원자들이 1:1의 비율로 결합할 것이라는 규칙에 따라 돌턴은 수소 원자 1개와 산소 원자 1개가 결합되어 물을 만든다고 생각했다.

오늘날의 방식대로 표현하면 돌턴의 물 분자식은 HO이고, 물을 생성하는 화학 반응식은 'H+O → HO'로 나타낼 수 있다. 하지만 최대 단순성의 규칙에 바탕을 둔 돌턴의 화합물 모형은 이후 원자량을 결정하는 데 있어서 많은 혼란을 초래하고 만다.

원자량(atomic weight)은 각 원자의 질량이다. 하지만 그 값이 너무나도 작기 때문에, 원자량을 하나하나 측정할 수는 없다. 그래서 화학자들은 탄소의 질량을 12로 정하고 이를 기준으로 각 원자의 상대적인 질량을 정한다. 이 방식에 따르면 가장 가벼운 원자인 수소 원자의 원자량은 1이다.

돌턴은 자신의 책에서 물의 조성에 관한 여러 실험들을 소개하면서 물이 산소 약 85%의 양과 수소 약 15%의 양으로 구성된다고 보았다. 이를 바탕으로 돌턴은 물속에 들어 있는 산소와 수소의 원자량의 비가 약 7:1일 것이라고 해석했다. 산소와 수소의 원자량비가 16:1이라는 오늘날의 생각과는 상당히 다른 것을 볼 수 있다.

돌턴이 원자론을 발표한 것과 같은 해인 1808년에 프랑스의 화학자 조제프 루이 게이뤼삭(Joseph Louis Gay-Lussac, 1778~1850)이 발표한 '기체 반응의 법칙'은 돌턴의 원자론에 또 다른 의문을 제기했다. 기체 반응의 법칙은 반응 물질과 생성 물질이 모두 기체인 화학 반응이 일어날 때, 각 기체들의 부피 사이에는 일정한 정수비가 성립된다는 법칙이다.

수소 기체와 산소 기체가 반응해 수증기를 생성하는 반응이 일어날 때 수소와 산소와 수증기 사이에는 2:1:2라는 부피비가 성립한다. 또 염소와 수소가 만나 염화 수소를 생성할 때 각 기체들의 부피비는 1:1:2가 된다. 질소와 수소가 화합해 암모니아를 생성할 때 기체들 사이에는 1:3:2라는 부피비가 성립된다. 물론 기체의 부피는 온도와 압력에 따라 크게 달라지기 때문에 이런 부피 비교는 같은 온도와 같은 압력일 때에만 가능하다.

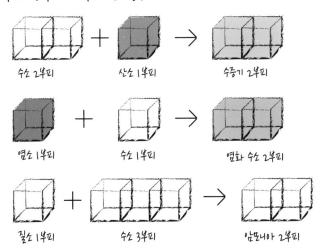

기체 반응의 법칙

반응 물질 A(기체) + 반응 물질 B(기체) = 생성 물질 C(기체)

A 부피 : B 부피 : C 부피 → 정수비

수소 2부피 + 산소 1부피 → 수증기 2부피

염소 1부피 + 수소 1부피 → 염화 수소 2부피

질소 1부피 + 수소 3부피 → 암모니아 2부피

돌턴은 기체 반응의 법칙에 반대했다. 염소 기체와 수소 기체가 반응해 염화 수소를 만드는 반응이 있다고 생각해 보자. 만약 염소 기체 1부피와 수소 기체 1부피가 반응해 염화 수소 2부피를 만들어 낸다면, 염소 기체 1부피 속에 들어 있는 입자의 수와 수소 기체 1부피 속에 들어 있는 입자 수가 같다고 가정하는 것이 합리적일 것이다.

같은 부피의 기체에 같은 수의 입자가 들어 있다는 이런 가정은 돌턴의 원자론과는 잘 들어맞지 않는다. 만약 같은 부피에 들어 있는 입자의 수가 같다면, 수소 2부피와 산소 1부피가 만나 수증기 2부피를 생성하는 반응의 경우 산소 원자가 둘로 쪼개져야만 수증기 2부피를 만들 수 있다는 결론이 나오기 때문이다. 원자가 쪼개진다는 것은 돌턴으로서는 받아들이기 어려운 주장이었다. 하지만 돌턴의 원자 모형으로는 기체 반응의 법칙을 설명할 수 없다는 점 또한 분명해 보였다.

원자가 결합한 분자의 개념이 탄생하다

돌턴의 원자설과 기체 반응의 법칙을 모두 설명할 수 있는 방법을 찾기 위한 과학자들의 노력은 간헐적으로 계속되었다. 그러던 중 1811년에 이탈리아 과학자 아메데오 아보가드로(Amedeo Avogadro, 1776~1856)는 분자 개념을 도입하면 원자설을 깨지 않으면서도 기체 반응의 법칙을 설명할 수 있다는 가설을 내세웠다. 같은 부피의 기체 속에는 같은 개수의 분자가 들어 있다는 가설이었다.

일반적으로 분자란 물질의 특성을 나타내는 가장 작은 입자라고 정의

● 아메데오 아보가드로 아보가드로는 분자의 개념을 처음으로 제시했다.

한다. 2개 이상의 비금속 원소들이 결합해 생성되며, H_2, O_2, H_2O, N_2, Cl_2 등이 분자에 해당된다.

아보가드로가 제시한 분자의 개념을 도입하면 돌턴의 원자설을 깨지 않으면서도 기체 반응의 법칙을 설명할 수 있다. 그리고 분자설에 의하면, 수소와 산소가 만나 수증기가 생성되는 화학 반응식은 '$H+O \rightarrow HO$'가 아니라 '$2H_2+O_2 \rightarrow 2H_2O$'가 된다.

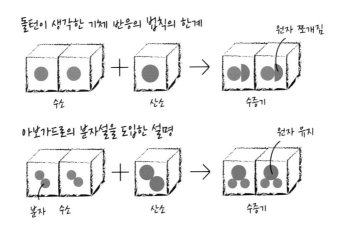

아보가드로의 분자설

같은 부피의 기체 → 같은 개수의 분자 들어 있음

원자 2개 결합 → 분자 생성(산소, 수소 등)

*분자 : 물질의 특성을 나타내는 가장 작은 입자

하지만 당시에 많은 과학자들은 아보가드로의 가설을 받아들이지 않았다. 그 이유는 크게 2가지였다.

하나는 아보가드로가 당시에 주류 과학자가 아니었다는 점이다. 아보가드로는 이탈리아의 토리노에서 태어났는데, 과학이 아닌 법학을 전공했다. 나중에 독학으로 수학과 물리학을 공부했고, 이후 토리노 대학교의 교수를 거쳐서 왕립 베르첼리 대학교에서 자연철학을 가르치는 교수가 되었다. 아보가드로는 다른 화학자들과 교류를 거의 하지 않았기 때문에 이탈리아에서조차도 이름이 거의 알려지지 않은 상태였다.

아보가드로의 가설이 당시에 받아들여지지 않았던 두 번째 이유는 그의 가설이 당시에는 설득력이 떨어지는 것처럼 보였기 때문이었다. 아보가드로 이론의 핵심은 '같은 부피의 기체 속에 들어 있는 분자의 수는 같다.'라는 것과 '수소나 산소, 염소와 같은 기체는 원자 2개씩이 모여서 생성된 분자이다.'라는 것이다. 하지만 당시의 화학자들이 받아들이고 있던 화학적 친화력설에 의하면 분자 개념은 성립할 수가 없었다.

화학적 친화력설은 1775년에 스웨덴의 화학자이자 자연학자인 토르베른 올로프 베리만(Torbern Olof Bergman, 1735~1784)이 〈전기적 친화력에 관한 논문〉에서 주장한 이론이다. 이후 같은 스웨덴 출신의 화학자 베르셀리우스는 모든 화합물이 양과 음으로 나뉜다는 전기화학적 이원론을 주장했다. 그의 이론에 따르면 모든 원자는 양전하나 음전하 중 1가지를 가지고 있으며, 양전하를 가진 원자와 음전하를 가진 원자 사이의 전기적인 인력에 의해 화학 결합이 일어난다.

친화력설을 이용하면 양전하를 띤 수소 원자와 음전하를 띤 산소 원자가 서로 잡아당겨 HO를 만든다고 설명할 수 있다. 하지만 만약 물의 분자식이 H_2O라고 한다면 친화력설로 설명할 수 없는 현상이 나타난다. 물이 H_2O라면, 이는 수소와 산소가 H_2나 O_2와 같은 분자 상태로 있다고 가정했음을 의미한다. 친화력설을 주장한 화학자들은 동일한 전하를 띠는 입자들 사이에는 척력이 작용할 것이기 때문에 같은 종류의 원자들이 서로 결합해 분자를 형성하는 일은 있을 수 없다고 생각했다.

돌턴의 원자설이 나온 1808년이나 아보가드로의 가설이 등장한 1811년 무렵에는 결국 물의 화학식에 관한 결론이 내려지지 못했다. 원자와 분자에 대한 생각이 정립되지 못한 것이 가장 큰 원인이었다. 만약 물의 화학식이 HO라면 수소와 산소의 원자량 비는 1:7(오늘날에는 1:8이라고 생각된다.)이 되고, 물의 화학식이 H_2O라면 수소와 산소의 원자량 비는 1:14(오늘날에는 1:16이라고 생각된다.)가 되었다.

이런 문제를 해결하기 위해 화학자들은 원자량 대신에 당량이라는 개념을 제시하기도 했다. 당시에 당량은 수소 1g 혹은 산소 7g과 결합하는 원소의 양을 의미했다. 수소는 원자량과 당량이 모두 1이지만, 산소의 경우 원자량은 14, 당량은 7이 된다. 원자량과 당량이 서로 달랐음에도 불구하고 원자량과 당량이 혼용되고 있었기 때문에 원자량을 둘러싼 혼란은

○ 뒤마(좌)와 제라르(우) 뒤마와 제라르는 화합물들의 구조와 조성 원리를 연구해 '유형 이론'을 탄생시켰다.

계속되었다.

물의 화학식에 관한 결론을 내리는 데는 유기화학 분야에서 이용되던 분자 구조 모델이 큰 역할을 했다. 1830년대 이후 발달하기 시작한 유기화학은 탄소를 기본 골격으로 하는 유기 화합물의 구조나 특성, 이용법 등을 연구하는 학문이다. 일반적으로 유기 화합물은 물이나 수소 같은 무기 화합물에 비해 구조가 아주 복잡하다.

화학자들은 많은 유기 화합물들을 연구하면서 복잡해 보이는 것과는 달리 유기물들의 조성과 구조가 서로 비슷하다는 것을 알게 되었다. 이런 발견은 '유형 이론'이라는 구조 이론으로 이어졌다. 유형 이론은 1839년에 프랑스의 화학자 장 바티스트 안드레 뒤마(Jean-Baptiste André Dumas, 1800~1884)가 제안하고 그의 제자였던 샤를 프레데리크 제라르(Charles Frederic Gerhardt, 1816~1856)가 발전시킨 이론이다.

유형 이론은 특정 유형을 가진 화합물의 일부분을 다른 물질로 치환함으로써 다양한 화합물을 만들 수 있다는 이론이다. 유형 이론은 물질을 구분할 때 분자들이 어떤 규칙성을 가지고 구성되는지를 연구함으로써 복잡한 분자들의 구조를 훨씬 더 구조적으로 파악하도록 했다.

유형 이론에서는 분자에 4가지 기본 유형이 있다고 말한다.

유형 이론의 분자 기본 유형

$$H \atop H \Big\} \qquad H \atop H \Big\} O \qquad H \atop Cl \Big\} \qquad {H \atop H \atop H} \Big\} N$$

수소 유형　　　물 유형　　　염화 수소 유형　암모니아 유형

유형 이론은 물의 화학식이 HO인지 H_2O인지를 결정하는 데 큰 역할을 했다. 분자의 기본 유형들 중 물 유형을 살펴보자. 물 유형은 물의 화학식을 H_2O라고 가정한 다음, 산소 원자를 가운데에 두고 수소 원자를 양쪽으로 하나씩 배치하는 방식으로 물의 구조를 나타낸다. 기본 물 유형에서 수소 하나를 빼고 대신 에틸기(C_2H_5)를 집어넣으면 에탄올(C_2H_5OH)이 된다. 또 수소 하나를 C_2H_3O로 바꾸면 아세트산(CH_3COOH)이 된다. 화학자들은 이런 방식으로 여러 유기물들의 구조를 질서 있게 나타내려고 했다.

물 유형의 유기 화합물 예시

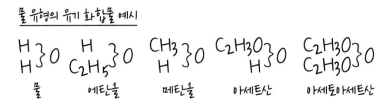

물　　　에탄올　　　메탄올　　　아세트산　　　아세토아세트산

◐ 스타니슬라오 칸니차로 아보가드로의 분
자 모델을 바탕으로 원자량을 결정하는 데
큰 공헌을 했다.

　화학자들은 이처럼 물을 H_2O라고 가정하면 여러 화합물의 구조가 질
서 있게 잘 설명된다는 사실을 깨달았다. 화합물들의 규칙성을 설명할 수
있게 되자 화학자들은 물의 화학식이 정말로 H_2O일지도 모른다고 생각
하기 시작했다.

　아보가드로의 가설이 화학자들 사이에서 공식적으로 인정받은 것은 그
가 분자에 관한 이론을 발표한 지 50년이나 지난 1860년 이후이다. 1860년
9월 3일에 독일의 칼스루헤에서는 아주 중요한 국제 화학자 회의가 개최
되었다. 원자와 분자를 보다 정확하게 정의하고 당량과 원자량, 화학식에
관해 논의하기 위해 개최된 회의였다. 이 회의에는 당시 유럽에서 화학 연
구를 선도하던 화학자들이 127명이나 참석했다고 한다.

　국제 화학자 회의에서 이탈리아 출신의 화학자 스타니슬라오 칸니차로
(Stanislao Cannizzaro, 1826~1910)는 '아보가드로의 가설'을 받아들일 경우

Simboli delle molecole dei corpi semplici e formule del loro composti fatte con questi simboli, ossia simb. e form. rappresentanti i pesi di volumi eguali allo stato gassoso		Simboli degli atomi de'corpi semplici, e formule dei composti fatte con questi simboli		Numeri esprimenti i pesi corrispondenti
Atomo dell'idrogeno . . .	=	H	=	1
Molecola dell'idrogeno . .	=	H²	=	2
Atomo del cloro . . .	=	Cl	=	35,5
Molecola del cloro. . .	=	Cl²	=	71
Atomo del bromo . . .	=	Ar	=	80
Molecola del bromo . .	=	Br²	=	160
Atomo dell'iodo	=	I	=	127
Molecola dell'iodo. . .	=	I²	=	254
Atomo del mercurio . .	=	Hg	=	200
Molecola del mercurio . .	=	Hg	=	200
Molec. dell'acido cloridrico	=	HCl	=	36,5
Mol. dell'acido bromidrico.	=	HBr	=	81
Mol. dell'acido iodidrico	=	HI	=	128
Mol. del protocl. di merc.	=	HgCl	=	235,5
Mol. del protobr. di merc.	=	HgBr	=	280
Mol. del protoiod. di merc.	=	HgI	=	327
Mol. del deutocl. di merc.	=	HgCl²	=	271
Mol. del deutobr. di merc.	=	HgBr²	=	360
Mol. del deutoiod. di merc.	=	HgI²	=	454

○ 칸니차로의 원자량표 아보가드로의 가설을 기반으로 만든 표이다. 원자와 분자, 원자량과 분자량을 구분해 나타냈다.

원자량과 화학식 사이의 관계가 합리적으로 설명될 뿐만 아니라 원자량과 분자량에 관한 일관된 체계를 세울 수 있다고 강력하게 주장했다. 칸니차로는 수소의 화합물을 H_2로, 수소의 분자량을 2로 나타낸 다음, 수소를 포함하는 여러 화합물들의 분자량을 계산하는 방식으로 수소의 분자식이 H_2임을 증명했다. 분자량이 18인 물의 경우, 수소는 2만큼 물 분자량에 기여하고 산소는 16만큼 기여한다는 것을 보이는 방식이었다.

칸니차로의 확신과 논리적인 설득은 많은 화학자들의 동의를 이끌어 냈다. 그는 원자량과 분자량의 차이에 대한 확신을 바탕으로 여러 유기 화합물들의 분자식을 일관되게 정립해 나갔다. 화학자들은 물이 수소 분자(H_2)와 산소 분자(O_2)가 결합한 산물이라는 사실을 수용하기 시작했고, 물의 화학 반응식은 '$2H_2 + O_2 \rightarrow 2H_2O$'로 공식화되었다. 결국 아보가드로의 생각이 맞았던 것이다.

수소와 산소가 전자를 공유해 결합하다

물이 수소 원자 2개와 산소 원자 1개가 결합되어 만들어진다는 것, 즉 수소 분자 2개와 산소 분자 1개가 만나서 물 두 분자를 형성한다는 사실을 알게 되었다고 해서 물을 완전히 이해한 것은 아니었다. 화학자들은 물을 이루는 두 원소인 수소와 산소가 어떤 방식으로 결합되어 있는지도 설명해야 했다.

원자들 사이의 결합을 설명하기 위해 1852년에 영국의 화학자 에드워드 프랭클랜드(Edward Frankland, 1825~1899)는 원자가(valence, combining power)라는 개념을 내놓았다. 프랭클랜드는 원자들이 화학 결합을 할 때, 각각의 원자들이 일정한 결합력을 가진다고 생각했다. 원자가는 수소를 기준으로 했을 때 어떤 원자 1개가 수소 원자 몇 개와 결합할 수 있는지를 나타내는 지표이다. 예를 들어 H_2O는 산소 원자 1개가 수소 원자 2개와 결합할 수 있음을 의미하므로 산소의 원자가는 2라고 할 수 있다. 탄소의 원자가는 4인데 이것은 탄소 원자 1개가 수소 원자 4개와 결합할 수 있음을 의미한다.

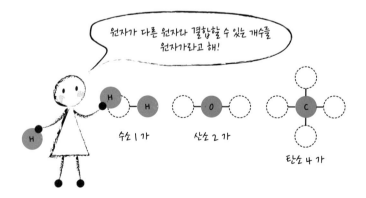

○ 리하르트 빌헬름 아베크 아베크는 여덟 전자 규칙을 떠올려서 화학 결합 이해의 실마리를 마련했다.

원자가가 갖는 정확한 의미는 원자의 구조에 관한 연구가 진전되면서 서서히 밝혀진다. 원자는 더 이상 쪼갤 수 없다는 돌턴의 원자설이 수정된 것은 톰슨이 전자(electron)를 발견하면서부터이다. 1911년에는 러더퍼드가 원자핵을 발견해 원자는 원자핵 주위를 전자가 회전하고 있는 모형으로 다시 수정된다. 그리고 2년 뒤 양자 이론을 원자 구조 해석에 도입한 보어는 전자들이 일정한 에너지 수준을 가지는 궤도들을 회전하고 있다는 원자 모형을 제안했다. 이어서 모즐리는 원자의 성질이 원자의 가장 바깥쪽 껍질에 있는 전자, 즉 원자가 전자의 수(최외각 전자수)에 의해 결정된다는 것을 발견했다.

전자에 대한 일련의 연구들은 원자들 사이의 화학 결합을 더 설득력 있게 설명하도록 해 주었다. 전자의 존재가 밝혀지자 독일의 화학자 리하르트 빌헬름 아베크(Richard Wilhelm Abegg, 1869~1910)는 오늘날 '여덟 전자 규칙(octet rule)'이라고 부르는 화학 결합 규칙을 생각해 냈다. 여덟 전자 규칙에 따르면, 가장 바깥 궤도에 존재하는 전자의 개수가 8일 때 원자의

◎ 길버트 뉴턴 루이스 전자가 쌍을 이루며 공유
결합한다는 개념을 발전시켰다.

상태는 가장 안정되어 있다. 따라서 원자들은 최외각 전자의 개수를 8개
로 채우려는 성질을 가진다.

화학 결합을 이해하는 데 크게 공헌한 또 다른 사람으로 미국의 물리화
학자 길버트 뉴턴 루이스(Gilbert Newton Lewis, 1875~1946)가 있다. 여덟
전자 규칙을 받아들인 루이스는 원자 내에서 전자들이 정육면체 모양으
로 배열된다고 생각했다. 이때 육면체의 각 꼭짓점에 위치하는 전자들의
수는 최외각 전자의 수, 즉 원자가와 같다고 생각했다. 정육면체의 꼭짓점
이 8개이므로 원자는 최외각 전자를 최대 8개까지 가질 수 있다. 루이스는
화학 결합이 일어날 때 전자가 이동해 각 원자가 8개의 전자를 갖춘 안정
적인 육면체 구조를 갖게 된다고 설명했다.

루이스는 생각을 더욱 발전시켜 1916년에는 화학 결합이 일어날 때 두
원자가 전자를 쌍으로 공유한다는 개념을 최초로 제시했다. 그는 화학 결
합이 일어날 때, 원자들이 여덟 전자 규칙에 맞게 전자를 공유하면서 분자

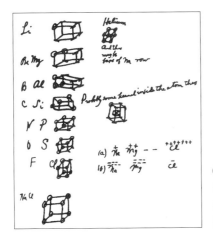

◐ 루이스의 1902년 메모 루이스는 전자 배열이 정육면체 모양이며, 정육면체를 완성하기 위해 전자들이 이동해 원자 결합이 일어난다고 생각했다.

를 구성한다고 생각했다. 2개 이상의 원자들이 전자쌍을 공유하는 화학 결합을 '공유 결합(Covalent Bond)'이라고 한다. 루이스는 원자의 가장 바깥쪽 껍질의 전자들을 점 기호로 나타냄으로써 공유 결합을 시각화했다.

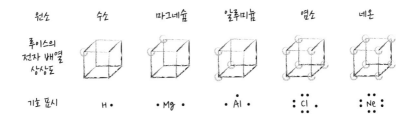

그렇다면 루이스의 공유 결합 개념을 물 분자에 적용하면 어떻게 설명할 수 있을까? 원자 번호 1번인 수소 원자는 최외각 전자, 즉 원자가 전자를 1개 갖는다. 반면 원자 번호 8번인 산소는 원자가 전자를 6개 갖는다. 산소 원자 1개가 수소 원자 2개와 각각 전자 1쌍씩을 공유하면, 여덟 전자 규칙을 만족하는 화합물이 만들어지는데, 그것이 바로 물이다.

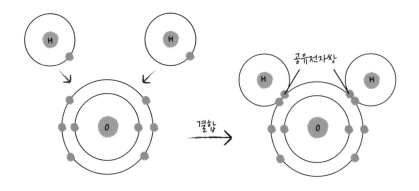

  수소 원자와 산소 원자가 공유 결합을 통해 물 분자를 형성했다면, 물 분자와 물 분자들 사이에는 어떤 결합이 일어날까? 1920년에 미국의 화학자 웬들 미첼 래티머(Wendell Mitchell Latimer, 1893~1955)와 워스 로드부시(Worth Rodebush, 1887~1959)는 물 분자 사이의 결합을 설명하기 위해 수소 결합(Hydrogen Bond) 개념을 생각해 냈다.

  수소 결합이란 전기 음성도가 강한 원자(질소, 산소, 플루오린 등)와 수소로 이루어진 어떤 분자가 이웃한 분자의 수소를 끌어당기는 힘에 의해 이루어지는 결합이다. 물을 예로 들어 보면, 한 물 분자의 산소는 다른 물 분자의 수소와 결합한다. 이런 수소 결합을 통해 물 분자들은 서로 결합할 수 있다. 우리가 물을 직접 눈으로 볼 수 있는 것은 바로 수없이 많은 물 분자들 간의 수소 결합의 산물인 셈이다.

물의 비밀, 생명을 이해하는 길

물이 원소가 아닌 화합물임이 밝혀진 후 과학자들은 일정 성분비 법칙, 기체 반응의 법칙, 분자에 관한 아보가드로의 가설 등을 바탕으로 물의 화학식을 결정하기 위해 노력했다. 또한 물 분자 내에서의 수소와 산소의 관계를 밝히기 위해 오랫동안 연구했다. 특히 1927년 이후 양자역학이 본격적으로 발달하고 전자의 움직임에 대한 이해가 깊어지자 분자의 구조나 화학 결합에 대한 이해도는 더욱 높아졌다.

물의 화학식은 H_2O이며, 1개의 물 분자는 산소 원자 1개와 수소 원자 2개가 공유 결합해 형성된다. 물 분자끼리는 수소 결합에 의해 연결되어 있는데, 이 수소 결합은 DNA의 구조를 유지하거나 단백질의 구조를 유지하는 데 있어서 매우 중요한 역할을 한다.

모든 생명체는 물이 없으면 살 수 없다. 물은 체내 물질대사에 꼭 필요하며, 광합성에도 꼭 필요하다. 물은 생명의 근원이자 인류 문명 발생의 근원이기도 하다. 대부분의 문명은 강을 중심으로 발달했으니 말이다. 그러므로 물을 연구해 온 역사는 곧 생명과 삶을 이해하기 위한 역사라고도 할 수 있을 것이다.

또 다른 이야기 | 화학 결합이 없다면 '나'도 없다

공유 결합은 비금속 원소들 간의 화학 결합을 잘 설명한다. 화학 결합에는 공유결합 이외에도 금속 원소들과 비금속 원소들이 정전기적인 힘에 의해 결합하는 이온 결합도 있다.

공유 결합이나 이온 결합과 같은 화학 결합이 없다면 이 우주를 구성하는 모든 물질들은 각각의 원자들로 흩어져 버리고 말 것이다. +1의 전하를 가진 당구공이 2개 있고, 둘 사이의 거리가 약 10km 떨어져 있다고 생각해 보자. 만약 우주에 당구공만 있다면 같은 전하를 띤 이 당구공들은 서로 계속 밀어내기만 할 뿐 서로 결합할 수 없을 것이다. 하지만 두 당구공 사이에 −1의 전하를 가진 파리 두 마리만 있으면 당구공을 일정한 거리에 붙들어 매고 있을 수 있다. 당구공의 무게가 파리 무게의 2,000배 정도라는 것을 생각해 보면 참으로 신기한 일이다. 당구공을 양성자라고 하면 파리 두 마리는 전자에 해당된다고 할 수 있고, 파리 두 마리에 당구공이 붙잡혀 있는 상태는 공유 결합이 일어난 것이라고 할 수 있다.

수십억 년에 걸쳐 핵융합 반응을 통해 탄소, 질소, 산소 등의 원자들이 만들어졌고, 이들 원자들은 공유 결합을 통해 다양한 화합물들을 만들어 냈다. 그렇게 만들어진 물질 중 하나가 바로 물이다.

공유 결합이 없다면, 물을 만들 수 없는 것은 물론, 우리 몸을 구성하는 유기물들이나 핵산 같은 것들도 만들 수 없게 될 것이다. 결국 우주에 있는 전체 별 수의 백만 배나 되는 원자들이 공유 결합과 같은 화학 결합에 의해 모여서 우리 몸을 이루고 있다고 할 수 있을 것이다.

고대에는 물을 단일한 원소라고 생각했지만 산소가 발견된 18세기부터 본격적인 물 연구가 시작되어 물의 구조가 밝혀졌다. 라부아지에는 가연성 공기를 연소하면 산소와 결합해 물이 생성된다는 사실을 알아냈다. 물이 순수한 원소가 아니라 수소와 산소의 화합물이라는 생각은 점차 퍼져 나갔다.

질량 보존의 법칙과 일정 성분비 법칙, 그리고 기체 분압의 법칙을 설명하기 위해 돌턴은 '최대 단순성의 규칙'을 중시했다. 이 규칙에 따르면 물은 수소 원자 하나와 산소 원자 하나가 만난 화합물(HO)이었다. 하지만 돌턴의 화학식은 기체 반응의 법칙을 설명할 수 없었다. 아보가드로는 돌턴의 원자설과 기체 반응의 법칙을 모두 설명하기 위해 분자설을 제안했다. 1860년 이후 화학자들은 아보가드로의 분자설을 받아들였고, 물의 화학식은 H_2O로 공식화되었다.

원자들이 전자 8개를 채워 안정된 상태가 되려고 한다는 여덟 전자 규칙이 발견되자 1916년에는 원자의 공유 결합 개념이 등장했다. 공유 결합 개념에 의하면 최외각 전자를 6개 가진 산소 원자와 최외각 전자를 1개 가진 수소 원자 2개가 전자쌍을 공유하면서 여덟 전자 규칙을 만족하는 화합물인 물이 만들어진다.

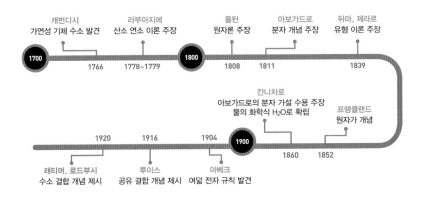

작은 알갱이가
구름 모양이 되기까지

원자 모형

위대한 발견이 우연히 일어나는 일은 사람들이 기대하는 것보다 드물다.

― 빌헬름 콘라트 뢴트겐 ―

사람들은 먼 옛날부터 '이 세상의 모든 물질들은 무엇으로 이루어졌을까?'라는 질문을 던졌다. 고대 그리스의 자연철학자들은 이에 대해 여러 가지 답을 내놓았다.

아리스토텔레스보다 조금 이전에 살았던 엠페도클레스는 이 세상의 물질이 흙, 물, 공기, 불이라는 네 뿌리로 이루어졌다고 보았고, 이런 생각은 그대로 플라톤과 아리스토텔레스에게로 이어졌다. 반면 고대 원자론자들인 레우키포스와 데모크리토스는 이 세계의 모든 물질이 작은 입자인 원자로 이루어져 있다고 주장했다. 로마의 시인이자 철학자였던 루크레티우스는 원자론을 널리 알리기 위해 〈사물의 본성에 관하여〉라는 매우 긴 시를 쓰기도 했다. 그러나 원자론은 오랫동안 빛을 보지 못했다.

세상을 구성하는 성분에 대해 고대인들이 던졌던 질문은 19세기가 지나서야 그 답을 얻을 수 있었다. 많은 과학자들은 원자의 구조를 더 정확히 알아내기 위해 지속적으로 연구를 해 왔다. 그들은 세계를 구성하는 근본 물질을 통해 이 세계가 처음 탄생했던 과정도 알아낼 수 있을 것이라고 생각한다. 지금은 원자의 구조가 상당히 밝혀졌지만 이 세계를 구성하는 근본 물질을 찾으려는 노력은 아직도 계속되고 있다.

데모크리토스, 세상을 구성하는 가장 작은 입자를 가정하다

기원전 5세기 고대 그리스의 자연철학 중에는 현재까지 계승되어 과학의 여러 분야에 큰 영향을 미치고 있는 이론이 있다. 바로 레우키포스가 처음 제안하고 그의 제자였던 데모크리토스가 발전시킨 원자론이다. 데모크리토스는 모든 물질이 원자라는 작은 알갱이로 이루어져 있다고 생각했다. 원자는 더 이상 나누어지지 않으며, 너무 작아서 눈에 보이지 않고, 진공 안에서 끊임없이 움직이며 서로 부딪힌다. 데모크리토스는 이 세상에는 무한한 수의 원자가 있다고 믿었다. 레우키포스와 데모크리토스는 태초의 소용돌이에서 원자들이 기계적으로 결합해 이 세계와 이 세계를 이루는 성분을 만들었다고 생각했다.

원자론자들은 원자와 빈 공간(진공)만이 실재적이라고 생각했다. 이들은 물질들 사이의 차이가 생기는 이유는 각 물질을 구성하는 원자의 형태, 배열, 위치가 다르기 때문이라고 생각했다. 원자론자들은 무수히 많은 원자들이 무한한 빈 공간 속에 분산되어 있고, 원자들 사이의 빈 공간은 원자와 원자를 분리하는 동시에 각 원자가 활동하는 장소라고 생각했다. 이들에 따르면 원자의 형태와 크기는 무한하며, 개개의 원자는 물리적으로 더 이상 분할되지 않는다.

아리스토텔레스는 《생성과 소멸에 관하여》라는 책에서 원자론을 소개했다. 물론 아리스토텔레스가 원자론에 찬성했던 것은 아니다.

> 레우키포스와 데모크리토스는 모든 것에 적용되는 가장 체계적인 하나의 이론을 내놓았는데, 그들은 자연 본성에 맞는 근원을 상정한다. …… 이런 것

은 하나가 아니라, 수적으로 무한하며 크기가 작기 때문에 보이지 않는다고 한다. 이것들은 허공 속에서 움직인다. 그리고 이것들이 함께 모일 때는 생성을 일으키지만, 해체될 때는 소멸을 일으킨다. …… 이들은 [원소들의] 차이가 다른 모든 것들의 원인이라고 말한다. 그러나 그들은 이것[차이]들이 3가지라고, 즉 형태와 배열과 위치라고 말한다.

-아리스토텔레스,《생성과 소멸에 관하여》

(탈레스 외,《소크라테스 이전철학자들의 단편선집, 542~548쪽》)

데모크리토스는 특정한 맛, 색깔, 냄새 등의 감각도 특정한 원자의 형태와 관련지어 설명했다. 예를 들어 신맛은 사각형의 작고 얇은 원자로 이루어지며, 단맛은 둥글고 적당한 크기의 원자로 이루어졌다고 생각했다. 그는 4원색이라고 생각했던 검은색, 흰색, 빨간색, 노란색도 원자의 형태나 배열과 연관시켰다. 데모크리토스는 이 4가지 색이 합성되어 다양한 색이 나타난다고 생각했다.

헬레니즘 시대와 로마 시대를 대표하는 철학자들 중에 에피쿠로스학파라고 불리던 철학자들이 있었다. 에피쿠로스학파는 고대 그리스 원자론의 영향을 받아 진공을 인정했고 기계론적 자연관을 발전시켰다. 에피쿠로스학파를 대표하는 철학자가 루크레티우스이다.

로마 시대 이후 원자론은 자연철학자들의 큰 주목을 받지 못했다. 15세기 이후 루크레티우스의 〈사물의 본성에 관하여〉가 발견되고 프랑스의 신부이자 수학자, 철학자였던 가상디가 원자론을 대중화하려고 노력하면서 원자론을 받아들이는 자연철학자들이 등장하기 시작했다.

돌턴이 원자설을 다시 세워 연구 기반을 다지다

자연철학자들이 원자론을 받아들이기 어려워했던 이유 중 하나는 빈 공간, 즉 진공의 존재를 인정하기 어려웠기 때문이었다. 진공의 존재 여부는 고대로부터 자연철학자들의 큰 관심사 중 하나였다. 아리스토텔레스는 진공이 존재하지 않는다고 생각했던 반면, 갈릴레오 갈릴레이는 진공의 존재를 믿었다.

과학 혁명 시기에 진공에 관해 연구했던 대표적인 과학자는 아일랜드에서 태어나 잉글랜드에서 연구했던 화학자 로버트 보일이다. 로버트 보일은 공기의 압력과 부피의 관계를 연구하는 과정에서 모든 물질이 단단한 입자로 구성된다는 결론을 내렸다. 그는 입자들이 결합하는 방법에 따라 여러 다양한 물질들이 만들어진다고 믿었다.

고대 그리스의 원자론을 하나의 과학 이론으로 정립한 사람은 영국의 화학자이자 물리학자이자 기상학자인 존 돌턴이다. 영국의 평범한 집안에서 태어난 돌턴은 대부분 독학으로 공부했다. 12살 때부터 이미 학생들을 가르치기 시작한 돌턴은 영국 맨체스터에서 개인 지도, 강의, 상담 등으로 생계비를 벌면서 연구를 계속했다. 이때 돌턴이 가르쳤던 제자 중에 에너지 보존 법칙을 발견한 제임스 프레스콧 줄(James Prescott Joule, 1818~1889)이 있었다. 돌턴은 자신뿐만 아니라 자신의 형도 색깔을 잘 감지하지 못한다는 사실을 알고는 색맹의 유전성을 연구해 논문으로 발표하기도 했다. 이 때문에 색맹을 다른 말로 돌터니즘(daltonism)이라고 부르기도 한다.

기상학에 관심이 많았던 돌턴은 비, 수증기, 구름 등의 생성 과정과 작용 원리를 연구했다. 대기의 구성 성분에 대한 그의 연구는 자연스럽게 기체의 압력에 대한 관심으로 이어졌다.

돌턴은 1801년에 수증기를 건조한 공기와 섞었을 때 전체 압력은 건조한 공기의 압력에 수증기의 압력을 합한 것과 같아진다는 사실을 알아냈다. 즉 혼합 기체의 전체 압력은 혼합된 각 기체들의 압력의 합과 같았다. 여러 기체가 혼합되어도 각 기체는 독립적으로 작용한다는 것이 바로 '돌턴의 법칙' 혹은 '기체 분압의 법칙'이다.

기체 분압의 법칙

기체 전체의 압력 = 각 기체 압력의 합

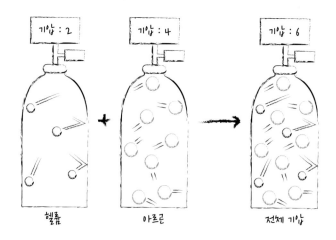

돌턴은 기체 분압의 법칙을 설명하기 위해 기체가 탄성을 가진 작은 입자들로 구성되어 있다고 가정했다. 그는 이런 생각을 더 확장해 모든 물질은 원자라는 작은 입자로 이루어진다는 원자설을 주장했다.

돌턴의 원자설을 간단히 정리하면 다음과 같다.

첫째, 물질은 더 이상 쪼갤 수 없는 알갱이인 원자로 구성된다.

둘째, 같은 원소를 이루는 원자는 크기, 질량 및 성질이 같고, 다른 원소의 원자는 크기, 질량 및 성질이 다르다.

셋째, 화학 반응이 일어날 때 원자는 새로 생성되거나 없어지지 않고 단지 배열만 달라질 뿐이다.

넷째, 화합물은 성분 원소의 원자들이 일정한 비율로 결합해 형성된다.

돌턴의 원자설

1. 모든 물질은 원자로 구성

쪼개지지 않음

2. 같은 원소의 원자 – 크기, 질량, 성질 동일
   다른 원소의 원자 – 크기, 질량, 성질 다름

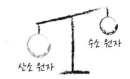

수소 원자

산소 원자

3. 화학 반응 – 원자의 재배열

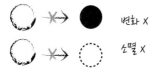

변화 X

소멸 X

4. 화합물 – 원소 원자가 일정한 비율로 결합

철   황   황화철

돌턴이 원자 이론을 구상하기 시작한 것은 1803년이었다. 그의 이론은 2가지 화학 반응 법칙에 큰 영향을 받았다. 그중 하나는 1789년에 라부아지에가 정립한 질량 보존의 법칙이다. 이것은 화학 반응에서 반응물의 총 질량과 생성물의 총 질량은 언제나 같다는 법칙이다. 돌턴은 그 이유가 화학 반응 과정에서 원자들이 없어지거나 새로 생기지 않고, 단지 배열만이 달라지기 때문이라고 설명했다.

돌턴에게 영향을 준 또 다른 화학 법칙은 프랑스 화학자 조제프 루이 프루스트(Joseph Louis Proust, 1754~1826)가 1779년에 증명한 일정 성분비 법칙이다. 이것은 어떤 화합물을 구성하는 성분 원소들의 질량비가 언제나 일정하다는 법칙이다. 돌턴은 화합물을 만들 때 원자들이 일정한 개수비로 결합하기 때문이라고 그 이유를 설명했다. 이처럼 돌턴은 최신의 연구 결과들을 적극적으로 반영하면서 자신의 원자론을 구체화해 나갔다.

돌턴은 일정 성분비 법칙에 따라 원자의 상대적인 질량도 결정했다. 그는 화학 반응에서 반응물과 생성물 사이에 일정한 질량비가 성립하는 이유를 물질이 고유한 질량을 갖는 원자로 이루어져 있기 때문이라고 가정했다. 돌턴은 가장 가벼운 원소인 수소의 상대적인 질량을 1로 정하고 이를 기준으로 다른 원소들의 원자량을 결정했다. 계산은 화합물이 '단순성의 규칙'에 따라 최대한 간단한 조합을 이룬다는 가정 하에 이루어졌다. 물을 예로 들어 보자. 돌턴은 단순성의 원리에 따라 수소와 산소가 1:1의 비율로 결합해 물이 생성된다고 생각했다. 만약 물을 구성하는 수소와 산소의 질량비가 1:7이라면, 수소와 산소의 원자량도 1:7일 것이다. 오늘날에는 탄소의 질량을 기준 원자량으로 삼고 있지만, 당시 돌턴은 수소를 기준으로 여러 원자의 원자량을 계산했다.

오늘날 돌턴의 원자 이론 중 몇 가지는 잘못된 것으로 드러났다. 양성자, 중성자, 전자 등이 발견되면서 원자는 더 작은 미립자로 쪼개질 수 있다는 것이 밝혀졌다. 또한 핵분열이나 핵융합을 통해 한 원자가 다른 원자로 바뀔 수도 있다. 화학적 성질은 같지만 질량은 다른 원소인 동위 원소가 발견됨으로써 같은 원소를 이루는 원자라도 질량이 달라질 수 있다는 사실도 밝혀졌다.

이런 한계가 있지만 돌턴의 원자설이 등장한 1803년부터 약 90년 동안 원자는 물질을 구성하는 가장 작은 단위로 여겨졌다. 원자가 무엇으로 이루어져 있는지에 대한 연구가 등장하기까지는 꽤 많은 시간이 필요했다.

톰슨, 음극선 연구로 전자를 발견하다

1895년 12월 28일 독일의 과학자 빌헬름 콘라트 뢴트겐(Wilhelm Konrad Röntgen, 1845~1923)은 〈새로운 종류의 광선에 대하여〉라는 제목의 논문을 출판했다. 이 새로운 종류의 광선은 바로 엑스선이었다. 엑스선은 고속으로 매우 빠르게 움직이는 전자가 크로뮴, 철, 코발트와 같은 무거운 원자에 충돌하면서 진로가 갑자기 바뀔 때나, 표적 원자의 전자가 튕겨 나간 자리를 메꾸기 위해 에너지 준위가 높은 궤도에 있던 전자가 에너지 준위가 낮은 궤도로 이동할 때 방출된다.

뢴트겐의 엑스선 발견에 이어 여러 방사선이 차례로 발견되면서 과학자들은 돌턴이 주장했던 것과는 달리 원자가 쪼개질 수도 있겠다고 추측했다. 원자가 단순한 공 모양이 아니라 더 복잡한 구조를 하고 있을 거라고 생각하기 시작한 것이다.

이즈음 뢴트겐의 엑스선 발견에 큰 자극을 받은 과학자가 있었다. 바

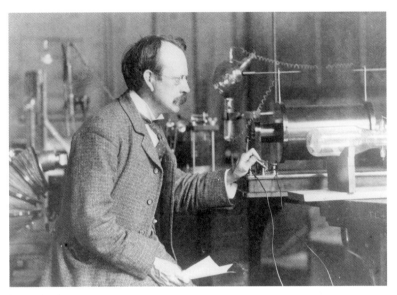

◐ 음극선 실험을 하는 톰슨 **톰슨**은 전자를 발견해 1906년에 노벨 물리학상을 수상했다.

로 영국의 물리학자 조지프 존 톰슨(Joseph John Thomson, 1856~1940)이
다. 뢴트겐이 엑스선을 발견한 직후인 1896년부터 톰슨은 원자가 쪼개
질 수 있을 것이라고 생각하고 음극선을 본격적으로 연구하기 시작했다.

음극선관은 인으로 코팅된 유리관이며, 관 속은 공기를 제거해 진공 상
태로 만든다. 음극선관의 양쪽에는 음극과 양극, 2개의 전극이 있다. 두 전
극 사이에 높은 전압을 걸어 주면 음극 쪽에서 음극선이 나와 양극 쪽으로
이동한다. 이때 음극선관 바깥쪽을 코팅한 인 때문에 음극선이 유리관에
닿으면 초록색 빛을 낸다.

톰슨은 음극선관의 한쪽에는 양으로 하전된 금속판을 놓고 다른 쪽에
는 음으로 하전된 금속판을 놓았다. 그러고 나서 음극선을 쏘았더니 양으

로 하전된 금속판은 음극선을 잡아당기고, 음으로 하전된 금속판은 음극선을 밀어내는 것을 볼 수 있었다. 이 실험을 통해 톰슨은 음극선이 음전하를 가진 미립자들로 구성되어 있다고 결론 내렸다.

1897년 4월 30일 톰슨은 왕립 연구소에서 자신의 미립자 가설을 발표했다. 이 발표에서 톰슨은 음극선이 수소 원자의 1/1000 정도의 질량을 지니고 있고(정확하게는 1/1840), 음의 전기를 띠며, 원자들은 바로 이 미립자들로 구성되어 있다고 주장했다. 음극선이 음전하를 띤 입자라는 것을 보이기 위해 톰슨은 전기장 안에서 음극선이 휘어지는 것을 실제로 보여 주었다.

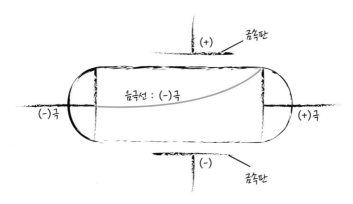

이후 여러 과학자들의 연구를 통해 톰슨이 말했던 미립자가 오늘날 우리가 전자라고 부르는 입자라는 사실이 밝혀졌다. 톰슨은 전자를 발견한 공로로 1906년에 노벨 물리학상을 받았다. 전자가 실재한다는 사실을 실험을 이용해 증명해 낸 공로를 인정받았던 것이다. 하지만 톰슨 자신은 자신이 발견한 미립자를 전자라고 부르는 것에 끝까지 반감을 가졌다고 한다.

전자 발견은 원자를 이해해 가는 과정의 시작일 뿐이었다. 전자의 존재는 과학자들에게 또 다른 이론적 질문을 던졌다. 왜냐하면 원자는 전기적으로 중성이기 때문이다. 이것은 만약 원자 안에 음전기를 띠는 전자가 들어 있다면 원자 안에는 양전기를 띤 또 다른 무엇인가가 들어 있어야 한다는 것을 의미했다.

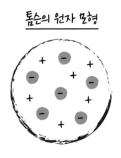

톰슨의 원자 모형

톰슨은 이런 문제를 해결하기 위해 양전하가 균일하게 분포하고 있는 구에 음전하를 띤 전자가 골고루 박혀 있는 원자 모형을 제시했다. 톰슨의 원자 모형은 원자가 왜 중성을 띠고 있는지를 아주 잘 설명해 주었다. 이제 과학자들은 원자가 더 이상 쪼갤 수 없는 작은 알갱이라는 생각이 잘못되었음을 받아들여야 했다.

톰슨은 전자를 발견한 것으로도 유명하지만 많은 연구자들을 키워 낸 것으로도 명망이 높다. 톰슨은 영국 케임브리지 대학교 안에 있는 캐번디시 연구소의 소장으로 있으면서 교육자로서도 많은 공헌을 했다. 톰슨은 1884년 28살의 젊은 나이로 캐번디시 연구소의 3대 소장이 되었는데, 그가 연구소의 소장으로 있었던 1884년에서 1918년까지 배출된 과학자들 중에는 노벨상 수상자가 7명, 영국 왕립 학회 회원이 27명, 그리고 물리학 교수 수십 명이 있었다고 한다.

♦ 어니스트 러더퍼드 방사선과 핵 변환에 대해 많은 연구를 진행해 핵물리학의 아버지라고 불린다. 1908년에 노벨화학상을 받았다.

태양계를 닮은 러더퍼드의 원자 모형

1911년에 어니스트 러더퍼드는 톰슨의 원자 모형과는 다른 새로운 원자 모형을 제시한다. 원자의 중심에 질량이 크고 양전하를 띤 원자핵이 있고 그 주위를 음전하를 띤 전자가 돌고 있는 원자 모형이었다. 이는 태양계 모델과 매우 유사한 모양이었다.

1871년에 뉴질랜드에서 태어난 러더퍼드는 캐번디시 연구소 연구원, 캐나다 맥길 대학교의 교수를 거쳐 1907년에 영국 맨체스터 대학교 교수로 부임했다. 그는 주로 원자의 구조를 연구했다. 당시에 맨체스터에서 러더퍼드와 함께 연구하던 한스 가이거(Hans Geiger, 1882~1945)와 어니스트 마스던(Ernest Marsden, 1889~1970)은 얇은 금속판에 알파 입자를 충돌시키면 어떤 현상이 일어나는지를 알아내는 실험을 하고 있었다. 알파 입자는 우라늄이나 라듐 같은 방사성 물질이 붕괴하는 도중에 방출되는 방사선의 일종인데, 양전기를 띠고 전자보다 7,000배 이상 무겁다.

러더퍼드는 동료 연구자들과 함께 라듐에서 나오는 알파 입자를 얇은 금박에 통과시켰을 때 알파 입자의 진행 방향이 어떻게 달라지는지를 면밀하게 검토했다. 러더퍼드는 평균적으로 8,000발의 알파 입자 중 1발이 튕겨져 되돌아 나갔다는 것을 알아냈다.

실험 결과는 톰슨의 원자 모형과는 매우 다른 원자 모형이 필요하다는 것을 말해 주었다. 알파 입자가 튕겨 나갔다는 것은, 알파 입자를 튕겨 낼 만큼 무거운 입자가 원자 속 어느 한 지점에 모여 있다는 것을 의미했기 때문이었다. 또 그 무거운 입자의 크기는 원자 전체의 크기에 비해 매우 작아야 했다. 그래야 대부분의 알파 입자는 금박을 통과해 나갈 것이기 때문이다. 러더퍼드는 또한 양전기를 띤 알파 입자를 반사시켰다는 점으로부터 그 무거운 입자는 양전기를 띠고 있을 것이라고 생각했다. 같은 전하를 띤 입자들 사이에는 서로 밀어내는 척력이 작용하기 때문이다.

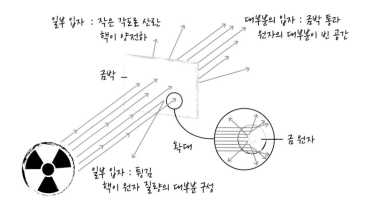

러더퍼드는 이런 생각을 종합해 원자의 크기는 지름이 10^{-8}cm이며, 원자의 중심에는 원자 질량의 대부분을 차지하는 핵이 있고, 이 핵 주위를

음전기를 띤 전자가 돌고 있는 새로운 원자 모형을 제시한다. 그의 이론에 따르면 원자핵의 지름은 약 10^{-12}cm로, 원자 지름의 1만분의 1밖에 되지 않는다. 다시 말해 러더퍼드는 원자가 양전기를 띤 원자핵이 한가운데 있고, 그 주위에 굉장히 넓은 빈 공간이 있으며, 가장 바깥쪽에는 가벼운 전자가 핵 주위를 빙글빙글 도는 모양이라고 생각했다.

러더퍼드의 원자 모형

러더퍼드의 원자 모형은 원자핵이 존재한다는 사실뿐만 아니라 원자핵의 크기와 성질까지 잘 보여 주었다. 원자의 대부분이 빈 공간이라는 점도 수월하게 설명했다.

하지만 러더퍼드의 원자모형은 중요한 현상 2가지를 설명하지 못했다. 하나는 '수소 스펙트럼이 왜 불연속적인가'라는 문제였다. 러더퍼드의 모형은 수소 원자가 방출하는 빛이 선 스펙트럼으로 나타나는 이유를 설명하지 못했다.

또 하나의 문제는 러더퍼드의 원자 모형이 불안정하다는 점이었다. 전자처럼 전기를 띤 물체가 운동할 때는 빛을 방출하기 때문에 이론상 원자들은 언제나 빛을 내고 있어야 한다. 그 과정에서 전자는 에너지를 잃어 속도가 감소하고, 원자핵 주위로 더 가까이 다가가야 한다. 그러나 실제로는 그렇지 않았다.

그러자 한 물리학자가 러더퍼드의 원자 모형이 지닌 문제를 해결할 새로운 원자 모형을 제시했다. 바로 닐스 보어였다.

🔵 닐스 보어 원자 구조에 대한 연구와 양자역학의 발전에 기여한 공로로 노벨 물리학상을 받았다.

보어, 전자가 궤도를 따라 핵을 도는 모형을 만들다

닐스 보어(Niels Bohr, 1885~1962)는 덴마크의 수도인 코펜하겐에서 태어나 코펜하게 대학교를 졸업했다. 덴마크에서 박사 학위를 받은 보어는 러더퍼드 밑에서 연구하기 위해 러더퍼드가 있던 캐번디시 연구소를 찾아갔다. 이곳에서 보어는 에너지가 양자화되어 있다는 양자역학의 기본 개념을 반영한 새로운 원자 모형을 제시했다.

1913년에 보어가 제시한 새로운 원자 모형은 러더퍼드의 원자 모형을 계승한 것이면서도 수소 원자의 스펙트럼이 불연속적으로 나타난 이유를 설명할 수 있는 모형이었다. 보어는 전자가 원자핵 주위를 돌고 있는 것은 맞지만, 러더퍼드와는 달리 전자가 특정한 에너지 준위를 가진 궤도 상에만 존재할 수 있다는 점을 강조했다. 보어는 바로 이 연구로 1922년에 노벨 물리학상을 받았다.

보어의 원자 모형에서 전자는 특정한 궤도 상에만 존재할 수 있다. 이

때 원자핵에서 가까운 궤도에 있는 전자일수록 에너지 준위가 낮고 안정적이며 원자핵에서 먼 궤도에 있는 전자일수록 에너지 준위가 높고 불안정하다. 보통 보어의 원자 모형은 전자 궤도가 겹겹이 둘러싸여 있는 양파에 비유되곤 한다.

전자는 특정 궤도 위에서 원자핵 주변을 돌고 있는 동안에는 안정적이어서 빛을 방출하지 않지만, 원자를 가열하면 전자가 에너지를 흡수해 낮은 에너지 준위에서 높은 에너지 준위로 이동하게 된다. 이때 전자는 궤도의 중간에는 머물 수 없기 때문에, 한 궤도에서 다른 궤도로 점프하듯이 이동한다. 반대로 높은 에너지 준위의 궤도에 있던 전자가 낮은 에너지 준위로 돌아가게 되면 두 궤도의 에너지 차이만큼 빛 에너지를 방출한다.

예를 들어 5층짜리 건물이 있다고 생각해 보자. 전자는 1층, 2층, 3층, 4층 아니면 5층에서만 살 수 있다. 1.3층이나 2.5층 같은 중간층에서는 살 수 없다. 낮은 층에 있던 전자는 에너지를 얻으면 높은 층으로 점프해 이동한다. 반면 높은 층에 있던 전자는 빛을 내면서 아래층으로 떨어진다. 이때 전자가 떨어질 때 내는 빛의 양을 측정해 보면 전자가 몇 층이나 떨어져 내렸는지를 알 수 있다.

물리학자들은 원자핵을 중심으로 1층 궤도에는 K, 2층 궤도에는 L, 3층 궤도에는 M, 4층 궤도에는 N, 그리고 5층 궤도에는 O라는 이름을 붙였다. 전자는 5층 궤도에서 2층 궤도로 세 층만큼 떨어질 때는 파란색의 빛을 방출하고, 4층 궤도에서 2층 궤도로 두 층 떨어질 때는 초록색의 빛을, 3층 궤도에서 2층 궤도로 한 층 떨어질 때는 붉은색의 빛을 방출한다. 궤도 이

동이 클수록 파장이 짧은 빛이 방출되는 것을 알 수 있다. 이처럼 보어의
원자 모형은 수소의 스펙트럼이 불연속적인 선 스펙트럼으로 나타나는
이유를 잘 설명해 주었다.

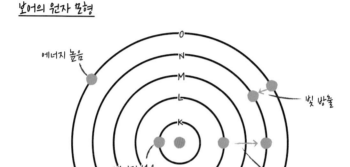

하지만 보어의 이론에도 문제는 있었다. 수소처럼 1개의 전자를 가진
경우에는 보어의 원자 모형이 정확히 들어맞았지만, 전자가 2개 이상인
원자의 경우를 설명하기는 어렵다는 한계를 지니고 있었던 것이다. 과학
자들은 양자역학을 점점 발전시키면서 보어의 원자 모형이 지닌 문제도
함께 해결해 나갔다.

❂ 에르빈 슈뢰딩거 슈뢰딩거는 파동 방정식을 만들었는데, 이 파동 방정식을 해석하는 과정에서 양자역학에 대한여러 가지 해석이 등장했다.

양자역학이 원자 모형을 구름 모양으로 바꾸다

1924년에 프랑스 물리학자 루이 빅토르 피에르 레몽 드브로이(Louis Victor Pierre Raymond de Broglie, 1892~1987)는 전자가 입자의 성질을 가질 뿐만 아니라 파동의 성질도 가진다는 물질파 개념을 제시했다. 그리고 1926년에 에르빈 슈뢰딩거(Erwin Schrödinger, 1887~1961)는 드브로이가 주장했던 전자의 파동을 설명할 수 있는 파동 방정식을 만들었다. 닐스 보어나 베르너 하이젠베르크 같은 물리학자들은 파동 방정식이 전자가 존재할 확률을 의미한다고 믿었다. 슈뢰딩거의 파동 방정식을 이용하면 원자핵으로부터의 거리에 따라 전자가 어느 정도의 확률로 존재할 수 있는지를 계산해 낼 수 있다.

이에 따라 1920년대 이후부터는 원자 모형을 나타낼 때 전자가 발견될 확률을 구름처럼 표시해 나타낸다. 각 지점에서 전자가 발견될 확률을 점으로 나타내면 전자가 핵 주위에 구름처럼 퍼져 있는 것처럼 보이기 때문이다. 이런 모형을 전자구름 모형 또는 오비탈 모형이라고 한다.

오비탈이란 전자가 발견될 확률을 나타낸 궤도 함수 또는 파동 함수라고 할 수 있다. 오비탈에도 여러 종류가 있다. 물리학자들은 전자가 발견될 확률을 보여 주는 공간의 모양에 따라 s 오비탈, p 오비탈 등으로 오비탈의 종류를 구분한다. 오비탈 중 s 오비탈은 구 모양을 하고 있다. 이것은 원자핵으로부터 거리가 같은 각 지점에서는 전자를 발견할 확률이 같다는 의미이다. 이에 반해 p 오비탈은 아령 모양을 하고 있다. 이것은 핵으로부터의 방향에 따라 전자가 발견될 확률이 다르다는 것을 의미한다.

오비탈의 모양

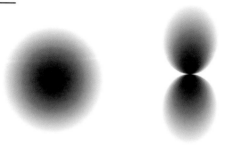

s 오비탈 모양　　　　p 오비탈 모양

전자의 궤도를 전자껍질이라고도 하는데, 원자는 에너지가 낮은 전자껍질부터 순서대로 전자를 채워 나간다. 또 각 전자껍질은 핵과 가까이 있는 오비탈부터 순서대로 전자를 채운다. 1개의 오비탈에 들어갈 수 있는 전자의 수는 정해져 있기 때문에 원자 번호가 큰 원자일수록 더 많은 오비탈을 갖게 된다. 오비탈 모형에서 원소의 화학적 성질은 가장 바깥쪽 전자껍질에 채워지는 전자의 수, 즉 최외각 최외각 전자수에 의해 결정된다.

이처럼 오비탈 모형은 각 원자들 내에서 전자들이 존재할 확률뿐만 아니라 원자들의 화학적 성질, 원자들이 결합할 때 일어나는 전자의 이동 등을 일관된 체계로 설명한다. 양자역학의 발전과 원자 모형의 변화는 서로 뗄 수 없는 관계임을 알 수 있다.

원자의 모형이 변화해 온 과정은 다음 그림과 같이 정리해 볼 수 있다. 오늘날 우리가 알고 있는 원자 개념은 이처럼 오랜 시간에 거쳐 여러 과학자들의 노력 끝에 밝혀진 것이다.

원자 모형의 변화

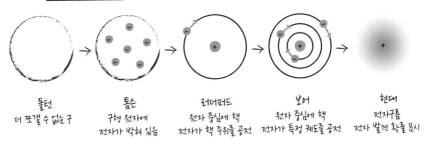

돌턴
더 쪼갤 수 없는 구

톰슨
구형 원자에
전자가 박혀 있음

러더퍼드
원자 중심에 핵
전자가 핵 주위를 공전

보어
원자 중심에 핵
전자가 특정 궤도를 공전

현대
전자구름
전자 발견 확률 표시

과학자들은 이런 원자 개념에서 만족하지 않고 핵 속에 있는 미립자들의 실체를 알아내기 위한 연구를 계속해 나갔고, 그 결과 양성자와 중성자를 이루는 여러 미립자들을 찾아냈다. 물질의 근원을 파헤치려는 과학자들의 노력은 지금도 계속되고 있다.

최초의 여성 노벨상 수상자는 폴란드에서 태어났고, 이후 프랑스에서 평생 동안 방사성 연구에 헌신했던 마리 퀴리이다.

1895년에 뢴트겐이 엑스선을 발견하고, 다음 해 프랑스의 물리학자 베크렐이 우라늄에서 방사선이 나오는 것을 발견한 이후 마리 퀴리도 방사선 연구에 뛰어든다. 마리는 우라늄 광석에서 나오는 방사선이 우라늄에서만 방출된다고 하기에는 너무나 강하다는 사실을 깨닫고, 우라늄 광석 안에는 다른 종류의 방사성 물질도 포함되었을 것이라고 생각한다. 우라늄 광산에서 8t 정도의 우라늄 광석(피치블렌드)을 사들인 퀴리 부부는 4년 동안 새로운 종류의 방사성 물질을 찾는 일에 매진했다. 결국 1898년 마리 퀴리는 우라늄보다 400배나 강한 방사능을 가진 새로운 물질을 찾아낸다. 마리 퀴리는 자신의 조국 폴란드의 이름을 따서 이 방사성 원소에 폴로늄이라는 이름을 붙였다. 1902년에는 우라늄 광석에서 방사성 원소 라듐도 분리해 냈다.

퀴리 부부는 우라늄 광석에서 라듐을 분리하는 방법을 무료로 사람들에게 알려 준 것으로도 유명하다. 라듐 분리 방법을 특허로 등록하면 많은 돈을 벌 수 있다는 것을 알았지만, 돈을 위해 지식을 파는 행위는 과학 정신에 위배된다고 생각했던 것이다. 라듐은 1950년대 중반까지 암 치료에 널리 이용되었다.

퀴리 집안은 모두 5번이나 노벨상을 받았다. 마리 퀴리가 단독으로 한 번(1911년, 노벨 화학상), 남편 피에르 퀴리와 공동으로 한 번(1903년, 노벨 물리학상) 탄 것에서 그치지 않고 퀴리 부부의 딸 이렌 졸리오퀴리와 남편 장 프레데리크 졸리오퀴리 부부도 인공 방사성 연구로 노벨상(1935년, 노벨 화학상)을 받았다.

고대 그리스의 원자론자로는 레우키포스와 데모크리토스가 있었다. 이들은 모든 물질이 더 이상 쪼개지지 않은 원자들로 이루어져 있다고 생각했다. 원자설은 오랫동안 잊혔다가 과학 혁명 시기에 보일의 입자설로 재탄생했다. 원자론을 이론 체계로 정립한 사람은 돌턴이었다. 돌턴의 원자론은 질량 보존의 법칙과 일정 성분비 법칙을 잘 설명했다.

　돌턴이 원자론을 발표하고 약 90년이 지난 1897년에, 톰슨은 음극선 연구를 통해 원자 안에는 음전하를 가진 전자가 있다는 것을 밝혀냈다. 1911년에 러더퍼드는 원자핵의 존재를 밝혀냈고 양전하를 가진 원자핵 주위를 음전하를 가진 전자가 돌고 있는 원자 모형을 제시했다. 이어서 1913년에 보어는 양자 개념을 도입해 전자가 특정한 궤도상에만 존재한다는 원자 모형을 제시했는데, 이는 수소 원자의 스펙트럼이 불연속적인 이유를 잘 설명했다.

　현대의 원자 모형은 오비탈 모형 혹은 전자구름 모형이라고 부른다. 이것은 양자 역학의 확률 개념을 받아들여 원자 내에서 전자가 존재할 확률을 구름처럼 나타낸 모형이다. 원자 모형의 발달 과정은 화학과 물리학의 발전이 어떻게 서로 영향을 미치는지를 보여 준다.

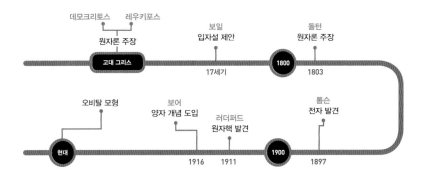

작은 입자가
위험한 폭탄으로

핵반응과 원자 폭탄

이제 나는 세상의 파괴자인 죽음의 신이 되었다.
– 로버트 오펜하이머 –

19세기 초에 돌턴이 원자론을 주장하면서 물질을 이루는 가장 기본 단위는 원자라고 생각되었다. 하지만 19세기 말이 되면서 여러 과학자들의 실험 결과는 원자가 더 작은 입자로 쪼개질 수도 있다는 것을 보여 주기 시작했다.

그 계기는 엑스선에서 시작되었다. 1895년에 뢴트겐이 엑스선을 발견하면서 원자의 구조와 방사선에 대한 연구가 급속도로 진행되었다. 톰슨은 1897년에 음극선을 이용한 실험을 통해 전자를 발견했고, 러더퍼드는 알파 입자 산란 실험을 통해 원자핵을 발견했다. 그리고 1932년에는 채드윅이 중성자를 발견했다.

원자 구조에 관한 이런 연구들은 핵붕괴 연구와 동시에 진행되었다. 로마 대학교의 페르미 연구팀은 채드윅이 발견한 중성자를 이용해 원자의 핵을 인공적으로 변환하는 데 성공했고, 이어서 1938년 독일의 과학자들이 우라늄 핵 연쇄 반응을 발견했다.

제2차 세계 대전이 발발하면서 과학자들은 핵에너지의 잠재력에 주목했고, 원자에 관한 연구들은 원자 폭탄 개발로 이어졌다. 원자 폭탄이 실제로 사용된 것은 제2차 세계 대전 때 딱 한 번뿐이지만, 핵에너지 이용 문제는 지금까지도 세계적으로 큰 논란이 되고 있다.

물체를 통과하는 강력한 광선, 엑스선을 발견하다

핵붕괴 혹은 방사성 붕괴란 불안정한 원자핵이 안정된 원자핵으로 변환되면서 여러 입자나 빛(전자기파)을 내보내는 현상이다. 방사성 붕괴 과정에서 방출되는 알파선(α선 또는 알파 입자, 헬륨의 원자핵)과 베타선(β선 또는 베타 입자, 전자), 감마선(γ선, 빛)을 비롯해서 엑스선, 중성자 등을 '방사선(radioactive ray, radiation)'이라고 한다. 방사선 중 엑스선은 빠르게 흐르는 전자를 금속판에 충돌시켰을 때 생기는 전자기파이다. 많은 학자들은 독일의 과학자 뢴트겐이 엑스선을 발견한 1895년을 방사선 연구의 기점으로 여긴다.

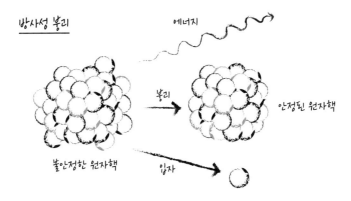

뢴트겐이 엑스선을 발견하던 당시에는 여러 과학자들이 음극선 연구를 진행하고 있었다. 음극선은 전자들의 흐름을 의미하지만 그때는 음극선의 정체가 알려져 있지 않았다. 영국의 화학자이자 물리학자였던 윌리엄 크룩스(William Crookes, 1832~1919)는 크룩스관이라는 진공관 속에서 음

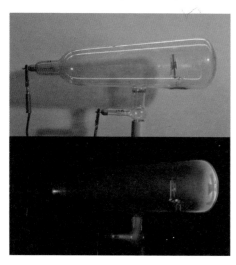

○ 크룩스관 엑스선 발견에 결정적인
역할을 한 기구이다.

극선이 고체를 통과할 때 그림자가 생기며, 자기장에 의해서 음극선이 휘
어진다는 것을 관찰했다. 크룩스는 음극선의 정체가 음으로 하전된 입자
들의 흐름이라고 주장했다.

독일 물리학자 필리프 에두아르트 안톤 폰 레나르트(Philipp Eduard
Anton von Lenard, 1862~1947)는 음극선관의 한쪽 끝에 얇은 알루미늄 판을
대고 여기에 음극선을 쏜 다음 이 판을 통과해서 나오는 광선의 성질을 연
구했다. 그는 음극선관을 만드는 방법을 뢴트겐에게 알려 주기도 했다.

1895년 11월 뢴트겐은 크룩스 음극선관을 검은 종이로 완전히 둘러싼
다음, 음극선의 효과를 알아보는 실험을 하고 있었다. 그러던 어느 날 뢴
트겐은 이전까지 알려지지 않았던 새로운 종류의 광선이 음극선을 둘러
싼 검은 종이를 뚫고 나와서 백금 사이안화 바륨을 바른 종이를 감광시킨
것을 우연히 발견했다.

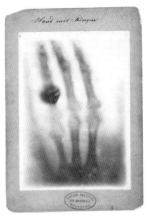

○ 빌헬름 콘라트 뢴트겐(좌)와 최초의 엑스선 사진(우) 뢴트겐은 엑스선을 발견해 첫 노벨 물리학상을 받았다. 뢴트겐은 아내의 손을 엑스선으로 찍었다.

뢴트겐은 그가 발견한 새로운 광선이 상당히 두꺼운 물체들도 통과할 수 있을 만큼 강력하다는 것을 알아챘다. 빛과 비슷하지만 빛보다 에너지가 훨씬 더 커서 검은 종이를 뚫고 나올 만큼 강력한 이 광선에 뢴트겐은 미지의 선이라는 의미로 엑스선이라는 이름을 붙였다. 뢴트겐은 엑스선을 발견한 공로로 세계적인 유명세를 얻었고, 노벨 물리학상의 첫 번째 수상자가 되었다.

뢴트겐의 엑스선 발견은 음극선과 방사선에 대한 연구를 더욱 촉진시켰다. 뢴트겐이 엑스선을 발견한 다음 해인 1896년 2월에 프랑스의 물리학자 앙투안 앙리 베크렐(Antoine Henri Becquerel, 1852~1908)은 우라늄에서 강한 투과성을 지닌 방사선이 나온다는 사실을 발견했다. 베크렐은 우라늄에서 방출된 방사선이 사진 건판을 감광시킨다는 점뿐만 아니라, 이 방사선이 우라늄에서 자발적으로 방출된다는 사실도 알아냈다.

◎ 마리 퀴리 방사선 연구를 주도했으며 방사성 원소인 폴로늄과 라듐을 발견했다.

당시에 방사선 연구의 선두에 있던 과학자는 앙리 베크렐의 제자였던 마리 퀴리였다. 마리 퀴리는 그녀의 남편 피에르 퀴리와 함께 우라늄보다 더 강한 방사성 물질인 라듐 등을 발견했다. 마리 퀴리는 우라늄, 라듐, 토륨과 같이 주로 원자량이 큰 원소들이 강한 에너지를 가진 빛이나 입자를 내보내는 현상을 방사성(radioactivity)이라고 불렀다.

방사선과 관련된 연구는 곧 많은 과학자들의 관심을 끌었다. 그중 한 사람이 바로 핵물리학의 아버지로 불리는 어니스트 러더퍼드였다. 당시 러더퍼드는 캐나다 몬트리올의 맥길 대학교에서 물리학을 가르치고 있었다. 뢴트겐의 엑스선 발견과 베크렐의 우라늄 방사선 발견 소식을 접한 러더퍼드는 본격적으로 핵 과학 연구에 뛰어들었다.

1902년에 러더퍼드는 방사선이 1가지가 아니라 3가지라는 것을 알아냈다. 그것은 바로 알파선, 베타선, 감마선이다. 이 중 **알파**선은 양(+)으로 하전되어 있고, **베타**선은 음(-)으로 하전되어 있으며, **감마**선은 전기적으로 중성을 띤다.

러더퍼드는 알파선, 베타선, 감마선의 특징도 알아냈다. 그는 방사능 물질에서 방출되는 방사선 중에서 알파선은 얇은 종이에도 쉽게 흡수되고, 베타선은 매우 빠르게 움직이며, 감마선은 투과력이 매우 강하고 센 자기장에 의해서도 휘어지지 않는다는 점들을 확인했다. 이후 원자의 구조에 대한 연구가 진행되면서 알파선은 헬륨 원자의 핵이고, 베타선은 전자라는 사실이 밝혀졌다. 또 감마선은 엑스선과 비슷하지만, 엑스선보다도 더 큰 에너지를 가지고 있는 것으로 밝혀졌다.

방사선의 종류

	전기적 성질	투과력	정체
알파선(α선)	양성(+)	약함(종이 투과 불가)	헬륨 원자의 핵
베타선(β선)	음성(-)	중간(구리 투과 불가)	전자
감마선(γ선)	중성	강함(납 투과 불가)	빛

동위 원소, 성질은 같은데 질량은 다르다

엑스선의 발견으로 촉발된 방사선 연구는 원자핵에 대한 본격적인 연구로 이어졌다. 방사선에 대한 연구가 많은 과학자들의 관심을 끌 무렵, 맥길 대학교에서는 프레더릭 소디(Frederick Soddy, 1877~1956)라는 영국의 물리학자가 러더퍼드와 공동으로 방사선에 대해 연구하고 있었다.

1902년 초에 러더퍼드와 소디는 한 번 방사선을 방출한 토륨이 시간이 경과한 후 다시 방사선을 내보내는 현상을 관찰했다. 이들은 자신들이 관찰한 현상을 해석하는 과정에서 토륨이 방사선을 방출하면서 더욱 강한 방사선을 지닌 토륨X로 변환되고, 이 토륨X가 다시 방사선을 방출한다는 가설을 세웠다. 하나의 원소가 방사선을 방출하면서 다른 원소로 전환된다는 생각은 그야말로 획기적이었다.

그 사이에 영국의 맨체스터 대학교로 자리를 옮긴 러더퍼드는 알파 입자 산란 실험이라고 불리는 실험을 통해 이전과는 다른 새로운 원자 모형을 제시했다. 원자가 양전하를 지니는 원자핵과 그 주위를 도는 전자로 구성된 모형이었다. 러더퍼드의 실험으로 원자핵의 존재는 밝혀졌지만, 여전히 핵의 정체는 알 수 없었다. 핵은 무엇으로 이루어져 있는지, 그리고 핵 속에는 무엇이 들어 있는지, 각 부분의 역할이 무엇인지에 대한 의문은 여전히 남아 있었다.

한편, 한 방사성 원소가 다른 원소로 변환될 수 있다는 사실이 알려지고, 새로운 방사성 물질들이 연구되면서 화학자들의 혼란은 더욱 가중되고 있었다. 당시까지만 해도 원소를 구분하는 기준은 원자량, 즉 원자의 질량이었다. 당시에는 원자 하나의 질량을 정확하게 몰랐기 때문에 가장 가벼운 수소 원자의 질량을 1로 잡고, 나머지 원자들의 질량은 수소 원자 질량의 배수로 나타내고 있었다. 하지만 수소 원자량의 배수로 나타낼 수 없는 새로운 원소들이 다수 발견되면서 과학자들은 새로운 원소들을 기존의 주기율표에 배치하는 데 혼란을 느끼고 있었다.

이런 문제를 해결하기 위해 소디는 1913년에 '동위 원소(isotope)' 개념을 제기했다. 동위 원소란 핵의 전하량은 같지만 원자량은 서로 다른 원소이다. 동위원소들은 질량은 서로 다르지만 주기율표에서는 같은 자리를 차지한다. 모즐리가 주기율표 배치 기준을 원자량이 아닌 원자의 전하량

◆ 프레더릭 소디 새롭게 발견한 원소들을 정리하기 위해 동위 원소라는 개념을 만들어 냈다.

으로 잡아야 한다고 주장하고 나선 것은 이 무렵이었다. 원자의 전하량은 곧 양성자의 수이며 원자 번호이다.

전하량을 이용해 주기율표를 정하면 방사성 붕괴를 쉽게 설명할 수 있다. 알파선은 헬륨의 원자핵을 의미하므로 어떤 원자가 알파선을 방출하면 원자 번호는 2만큼 감소한다. 주기율표에서 왼쪽으로 2칸이 옮겨지는 것이다. 어떤 원자가 베타선(전자, 전하량은 -1)을 내보내면 원자 번호는 1만큼 증가하므로 주기율표에서 오른쪽으로 1칸 이동하면 된다.

원자핵과 동위 원소의 존재를 알아내고 새로운 주기율표 기준을 만들었다고 해서 원자핵에 대한 의문이 완전히 풀린 것은 아니었다. 동위 원소 개념을 이해하려면 원자핵에 대한 정량적 정의가 내려지고, 원자핵의 전하량이 같은데도 질량이 다른 원소가 존재하는 이유가 밝혀져야 했다. 원자핵의 전하량을 정량화한 사람은 러더퍼드였다.

1919년에 러더퍼드는 대기 중의 질소에 알파 입자를 충돌시키면 빠른 속도로 수소 원자핵이 방출된다는 사실을 알아냈다. 그는 이를 바탕으로 질소를 비롯한 모든 원자핵을 구성하는 기본 단위가 수소 원자핵이 아닐까 추론했다. 러더퍼드는 1920년에 수소 원자가 가장 가벼운 원자라는 점, 원소들의 원자량이 수소 원자핵의 배수라는 점 등을 종합해 모든 원자핵의 기본 구성 요소가 수소의 핵이라는 결론을 내렸다. 그는 수소 원자핵에 '양성자'라는 이름을 붙였다.

러더퍼드는 원자핵의 실제 질량이 양성자들 질량의 합보다 크다는 사실도 발견했다. 이는 원자의 핵 속에 양성자 이외에 중성을 띠는 입자가 더 있을 것이라는 추론으로 이어졌다. 러더퍼드의 추론은 그의 대학원생 중 하나였던 제임스 채드윅(James Chadwick, 1891~1974)이 확인했다.

러더퍼드는 1919년부터 케임브리지 대학교 캐번디시 연구소로 자리를 옮겨 연구소 소장으로서 연구 활동을 계속했는데, 이때 자신의 제자였던 채드윅을 연구소로 발탁해 왔다. 채드윅은 방사선에 관한 기존의 실험 결과들을 면밀히 검토한 끝에, 질량은 수소 원자와 비슷하지만 전기적으로는 중성을 띠는 입자가 원자핵 속에 들어 있다는 가설을 제시했다.

마침내 1932년에 채드윅이 중성자를 발견함으로써 원자의 동위 원소에 대한 의문점은 완전히 해소되었다. 동위 원소란 양성자의 수가 같아 화학적 성질은 같지만, 서로 다른 중성자 수를 가져서 질량은 다른 원소를 의미했다. 채드윅은 중성자 발견의 공로로 노벨 물리학상을 받았다.

동위 원소

양성자의 수 - 같음 → 화학적 성질 동일

중성자의 수 - 다름

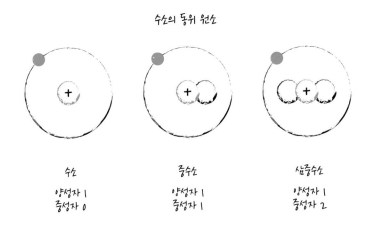

수소의 동위 원소

수소
양성자 1
중성자 0

중수소
양성자 1
중성자 1

삼중수소
양성자 1
중성자 2

방사선과 원자의 구조에 관한 연구는 이처럼 한쪽의 발견이 다른 쪽의 연구를 견인하면서 동시적으로 이루어졌다. 특히 채드윅의 중성자 발견은 인류가 핵반응을 인공적으로 조절하고 핵에너지를 본격적으로 이용하는 계기가 되었다.

1930년대에 과학자들은 핵에너지를 이용할 수 있는 가능성에 한층 더 접근했다. 채드윅이 중성자를 발견하고 나서 얼마 지나지 않은 1934년에 마리 퀴리의 딸인 이렌 졸리오퀴리(Irène Joliot-Curie, 1897~1956)는 남편과 함께 방사성 원소를 인공적으로 합성하는 데 성공했다. 이들은 알루미늄에 알파 입자를 충돌시키면 알루미늄이 인의 방사성 동위 원소인 인-30으로 전환되고 이것이 곧 방사선을 방출하면서 붕괴되어 안정된 규소 동위 원소가 된다는 것을 알아냈다. 졸리오퀴리 부부는 알루미늄, 붕소, 마그네슘과 같은 안정된 원소가 방사성 원소로 변환되며, 이를 통해 인공 방사성 원소를 얻어낼 수 있다는 것을 처음으로 성공적으로 증명했다.

이들의 인공 방사성 원소 합성 성공은 '방사성 추적자'라는 기술을 낳았다. 방사성 추적자법은 이후 과학의 여러 분야에서 중요한 연구 수단으로 자리 잡는다. 방사성 추적자를 이용한 대표적인 예로 DNA가 유전 물질이라는 사실을 발견해 1969년에 노벨 의학상을 받은 앨프리드 데이 허시(Alfred Day Hershey, 1908~1997)와 마사 체이스(Martha Chase, 1927~2003)의 연구를 들 수 있다. 이들은 1952년 실험에서 방사성 인-32을 이용해 DNA의 이동 경로를 알아냈다. 동위 원소는 화학적 성질이 같기 때문에 생물체는 동위 원소를 구분하지 못한다. 즉 생물은 방사성이 없는 인-31과 방사성 인-32을 같은 물질로 인식해 똑같이 대사에 이용한다. 인-32를 이용하면, 인-32에서 나오는 방사선을 추적해 생물체 내의 인의 이동 경로와 인 대사 과정을 알아낼 수 있다.

⊙ 엔리코 페르미 중성자를 이용해 인공적인 방사
성 물질을 생성했고, 세계 최초로 핵반응로를 만들
었다.

페르미, 중성자를 이용해 새로운 물질을 만들다

채드윅의 중성자 발견 이후 러더퍼드를 비롯한 많은 과학자들은 중성
자를 원자에 충돌시켜서 핵을 변환하는 방법을 사용하기 시작했다. 이전
까지의 핵반응 실험에서는 주로 알파 입자로 핵을 변환시켰다. 하지만 양
성자도 양전하를 띠고, 알파 입자도 양전하를 띠기 때문에 둘 사이에 반발
력이 생겨서 알파 입자가 원자핵까지 접근하는 것이 쉽지 않았다. 중성자
는 전하가 없기 때문에 쉽게 원자핵 가까이까지 접근할 수 있었고, 따라서
더 쉽게 핵을 변환시킬 수 있었기 때문에 핵반응 연구에서 아주 중요한 수
단이 되었다.

중성자를 이용한 핵반응 연구의 중심에 있던 과학자들 중 한 사람은 엔
리코 페르미(Enrico Fermi, 1901~1954)이다. 페르미는 1901년 이탈리아 로
마에서 태어났다. 당시는 양자물리학 혁명이 막 시작되었을 때였다. 피사
대학교 고등사범학교에 입학한 페르미는 양자역학이라는 새로운 물리학

의 세계에 흠뻑 빠져들었다. 이후 페르미는 로마 대학교 이론물리학 교수가 되었고, 당시 급부상한 핵물리학 분야에서 이탈리아가 선두에 서기를 바라며 연구를 계속했다.

페르미는 그동안 서로 분리되어 진행되었던 방사선 연구와 원자핵 연구를 하나로 합쳤다. 그는 알파 입자 대신 중성자를 이용해 인공 방사성 물질을 만들기로 결심했다. 페르미는 천연 방사성 원소인 라듐에서 방출되는 알파 입자를 베릴륨의 핵과 충돌시켜 중성자를 얻은 다음, 이 중성자로 수소 원자부터 포격하기 시작했다. 차례차례 무거운 원소로 옮겨 나가며 포격을 거듭한 끝에, 페르미는 플루오린이나 알루미늄을 때렸을 때 알파 입자가 방출되면서 원소의 변환이 일어나는 것을 확인했다. 페르미의 연구팀이 실험실에서 만들어 낸 방사성 핵은 자연 상태의 지구에서는 존재하지 않는 원소들이었다. 인류가 처음으로 새로운 물질을 창조해 낸 순간이었다.

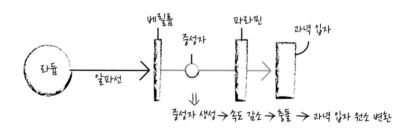

페르미 연구팀은 빠르고 에너지가 큰 중성자보다는 속도가 느린 중성자가 더 효과적으로 핵을 변환시킬 수 있다는 사실도 밝혀냈다. 과녁 입자 앞에 파라핀 조각을 놓으면 중성자의 속도가 느려지면서 과녁에서 방출

되는 방사선의 양이 훨씬 더 많아지는 것을 보고 내린 결론이었다.

페르미는 중성자 포격을 이용해 인공 방사성 원소를 만들어 낸 공로로 1938년에 노벨 물리학상을 받았다. 당시 이탈리아를 통치하던 무솔리니는 히틀러처럼 인종법을 만들고자 했다. 페르미는 자신의 유대인 아내가 위험에 처하게 될까 봐 1938년 12월 스웨덴에 가서 노벨상을 받자마자 그대로 미국으로 망명했다.

페르미가 인공 방사성 물질을 만드는 데 성공하면서 과학자들은 중성자를 원자에 충돌시켜 원자핵을 변환시키는 연구에 경쟁적으로 뛰어들었고, 그 과정에서 다양한 종류의 인공 방사성 물질을 만들어 냈다.

그러던 중 제2차 세계 대전이 막 시작된 1938년 말, 독일 베를린의 화학자 오토 한(Otto Hahn, 1879~1968)과 분석화학자 프리츠 슈트라스만(Fritz Strassmann, 1902~1980)은 그 당시까지 알려졌던 것과는 전혀 다른 핵반응을 얻었다. 당시까지 밝혀진 바에 따르면 원자 번호 92인 우라늄은 자연 붕괴를 통해 알파선과 베타선을 방출하면서 차츰차츰 원자 번호가 줄어들다가 결국 원자 번호 82인 안정된 납에 이른다. 즉 자연 상태에서 우라늄은 주기율표의 가까이에 있는 원소들로 순차적으로 변환된다. 하지만 한과 슈트라스만은 우라늄에 중성자를 쏘면 우라늄의 핵이 거의 절반으로 분열된다는 사실을 발견했다.

원자가 절반으로 쪼개지면 어떤 일이 일어날까? 한과 슈트라스만은 원자 번호가 92번인 우라늄에 중성자를 쏘면 우라늄이 거의 반으로 쪼개지면서 원자 번호가 56번인 바륨이 생성되고, 이 과정에서 다시 2~3개의 중성자가 나온다는 것을 알아냈다. 그리고 이 중성자들이 다시 우라늄을 쏘아 연속적으로 핵분열을 일으킨다는 것도 알아냈다. 이것이 바로 연쇄 반응이다. 중요한 것은 원자가 쪼개지는 과정에서 엄청난 양의 에너지가 연쇄적으로 발생한다는 점이었다.

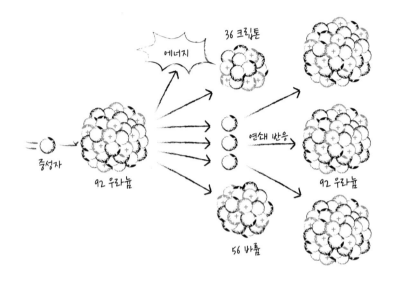

원자 폭탄 개발을 위한 비밀 프로젝트, 맨해튼 프로젝트

당시에 많은 과학자들이 핵분열과 관련된 연구에 뛰어든 것은 크게 2가지 이유에서였다. 첫 번째 이유는 핵분열로 생기는 에너지가 어마어마하게 컸다는 점이었다. 우라늄의 동위 원소 중에서 핵분열 물질로 사용할 수 있는 우라늄은 우라늄-235(양성자 92개, 중성자 143개로 구성)인데, 1g의 우라늄-235가 완전히 핵분열했을 때 발생할 수 있는 에너지의 양은 거의 석유 2,650L를 연소할 때 발생하는 에너지의 양과 같았다.

둘째로, 당시의 국제 정치 상황이 급변하고 있었다는 점이다. 연쇄 반응을 이용하면 가공할 위력을 가진 핵폭탄을 만들 수 있다는 사실을 처음으로 알아낸 것은 독일이었다. 독일과 전쟁 중이던 국가의 과학자들은 독일에서 먼저 핵폭탄을 만들어 낸다면 제2차 세계 대전이 독일의 승리로 끝날 것이라고 우려했다.

핵 연구의 배경
핵분열 에너지 - 많음
국제 정세: 제2차 세계 대전

원자핵 연쇄 반응을 통해 원자에서 에너지를 얻을 수 있다는 아이디어를 처음으로 떠올린 사람은 헝가리 태생의 미국 물리학자 레오 실라르드(Leo Szilard, 1898~1964)였다. 실라르드처럼 히틀러 정권을 피해 독일을 탈출했던 물리학자들은 1939년 여름에 한데 모였다. 이들은 논의 결과 독일이 우라늄 연쇄 반응을 이용해 폭탄을 만들지도 모른다는 사실을 프랭클린 루스벨트 당시 미국 대통령에게 빨리 알려야 한다는 결론을 내렸다. 이들은 루스벨트 대통령에게 핵폭탄의 위협을 알리는 편지를 썼다. 이 편지에는 당시에 가장 유명한 과학자들 중 한 사람이었으며 루스벨트 대통령과 개인적인 친분도 있던 아인슈타인이 대표로 서명했다.

1939년에 아인슈타인의 서명이 담긴 편지가 루스벨트 대통령에게 전해졌다. 편지에는 우라늄으로 핵 연쇄 반응을 일으키는 것이 가능해졌으며, 그것으로부터 막대한 에너지를 얻을 수 있게 되었으니 신속한 행정적 조치가 필요하다는 내용이 담겼다. 그리고 마침내 루스벨트 대통령은 핵

○ **아인슈타인의 편지** 루스벨트 대통령에게 보낸 편지로, 핵분열 연구를 위한 조치를 취할 것을 요청했다.

폭탄을 개발하기 위한 행동을 개시했는데, 그것이 바로 '맨해튼 프로젝트' 라는 암호명으로 불렸던 연합군의 원자 폭탄 개발 계획이다.

맨해튼 프로젝트는 여러 장소에서 비밀리에 진행되었다. 이 프로젝트 가 성공하기 위해서는 몇 가지 문제를 해결해야 했다. 과학자들이 해결 해야 했던 첫 번째 문제는 우라늄-235의 핵분열을 가능하게 할 중성자 의 속도를 조절하는 문제였다. 왜냐하면 중성자의 속도가 느려야만 우라 늄-235의 핵분열을 촉진할 수 있기 때문이었다.

중성자 속도 조절을 위해 페르미와 실라르드는 흑연을 감속재로 사용했 다. 3년의 노력 끝에 1942년 말, 그들은 시카고 대학교 축구장 관람석 아래 쪽에 연쇄 반응을 일으킬 수 있는 흑연 파일을 건설했다. 흑연 블록을 일일 이 쌓아 올려 만든 이 파일은 폭 7.5m, 높이 6m에 이르렀고, 안에는 중성 자 속도를 조절하기 위해 감속재로 감싼 우라늄 덩어리가 2만 2000개 정 도 들어갔다. 흑연에 뚫린 구멍에는 원자로 제어봉도 넣었다. 시카고 파일

◐ 최초의 원자로 반응기 시카고 대학교 축구장 관람석 아래에 건설되었다.

1호기(CP-1)라고 불리던 이 흑연 파일이 바로 세계 최초의 원자로이며, 여기에서 페르미 팀은 연쇄 반응 제어에 성공했다.

과학자들은 또 다른 문제도 해결해야 했다. 핵분열이 가능할 만큼의 방사성 원소를 확보하는 것이었다. 핵분열에 이용되는 원소는 우라늄과 플루토늄이었는데, 자연에 존재하는 우라늄 가운데 핵 연쇄 반응에 쓸 수 있는 우라늄-235는 0.7%뿐이었다. 과학자들은 원자 폭탄을 제조할 수 있는 우라늄을 분리하기 위해 1943년 말에 테네시주의 오크리지에 거대한 우라늄 분리 공장을 만들고 농축 우라늄을 생산하기 시작했다. 원자 폭탄 개발 계획의 전체 책임자였던 레슬리 그로브스(Leslie Groves, 1896~1970) 미육군 소장은 원자 폭탄에 쓰일 또 다른 원소인 플루토늄을 생산하기 위해 워싱턴주의 핸퍼드에 거대한 원자로를 지었다. 바로 이곳에서 1944년에, 원자 폭탄을 만들 수 있을 만큼의 플루토늄-239가 생산되었다.

맨해튼 프로젝트에서는 실제로 원자 폭탄을 설계하고 개발하는 일도

○ 아인슈타인과 오펜하이머 오펜하이머는 원자 폭탄 개발 연구의 책임자였다.

진행했다. 원자 폭탄 개발은 뉴멕시코주의 로스앨러모스에서 진행되었다. 로스앨러모스 연구소에서 원자 폭탄 개발 연구를 책임진 사람은 이론물리학자인 로버트 오펜하이머(Robert Oppenheimer, 1904~1967)였다. 오펜하이머의 지휘 아래 미국의 핵물리학자들과 화학자들이 로스앨러모스로 모여들었다.

로스앨러모스 국립 연구소의 과학자들은 2가지 방법으로 핵폭탄을 만들었다. 우라늄을 이용한 핵폭탄과 플루토늄을 이용한 핵폭탄은 제조 방법을 달리해야 했기 때문이다.

두 종류의 핵폭탄을 만드는 기본 원리는 같다. 핵분열을 할 수 있는 물질 조각들을 아주 빠르고 큰 힘으로 합치기만 하면 된다. 그러면 임계 질량에 이르게 되고 아주 빠른 속도의 연쇄 반응을 일으킬 수 있다. 임계 질량이란 우라늄이나 플루토늄과 같은 핵 물질이 핵폭탄 안에서 스스로 폭발해 연쇄 반응을 일으킬 수 있는 최소 질량을 말한다.

물리학자들은 우라늄-235를 이용한 원자 폭탄은 총격 방법을 써서 만

○ 팻 맨 최초로 만들어진 두 원자 폭탄 중 하나로, 나가사키에 투하되었다.

들었다. 우라늄-235로 만든 총알로 우라늄-235를 때리는 방법이다. 미국이 1945년 8월 6일에 히로시마에 떨어뜨렸던 원자 폭탄 '리틀 보이'는 바로 이런 원리를 이용했다.

하지만 플루토늄을 이용한 원자 폭탄에는 총격 방법 대신에 내파 방법이 이용되었다. 플루토늄에는 연쇄 반응이 일어나기도 전에 자발적으로 핵분열을 하는 성질이 있다. 따라서 플루토늄을 이용한 폭탄을 만들 때는 핵분열 물질을 향해 모든 방향에서 압착을 가해 순간적으로 임계 질량에 도달하게 함으로써, 자발적 핵분열보다도 먼저 핵 연쇄 반응이 일어날 수 있도록 해야 했다. 이런 방법으로 1945년 8월 9일에 나가사키에 떨어뜨린 플루토늄-239 폭탄 '팻 맨'이 만들어졌다.

1945년 7월 16일 새벽 5시 30분, 인류는 최초의 원자 폭탄을 성공적으로 터뜨렸다. 이 원자 폭탄 시험 폭파에는 트리니티 실험이라는 이름이 붙었다. 로스앨러모스 연구소의 책임자였던 오펜하이머는 이때 원자 폭탄의 엄청난 위력을 보고는 "이제 나는 세상의 파괴자인 죽음의 신이 되었

◎ 나가사키 원폭 투하 1945년 8월 9일 일본 나가사키에서 원자 폭탄이 폭발했다. 상공 18km까지 버섯 구름이 치솟아 올랐다.

다."라고 말했다고 한다. 트리니티 실험이 실시된 지 한 달이 채 되기 전에 일본에는 2개의 원자 폭탄이 투하되었고, 일본이 공식적으로 항복 문서에 서명함으로써 제2차 세계 대전은 완전히 끝났다.

제2차 세계 대전이 모두 끝나고 난 뒤 아인슈타인은 핵무기 개발 연구를 촉구하기 위해 루스벨트 대통령에서 보내는 편지에 서명한 것을 후회했다고 한다. 아인슈타인은 독일이 핵폭탄 개발에 이미 착수했다고 믿었기 때문에 편지에 서명을 했으며, 만약 독일이 원자 폭탄을 개발하지 못할 것임을 알았더라면 자신을 결코 서명하지 않았을 것이라고 말했다.

핵물리학, 전쟁을 넘어 다양한 영역으로 뻗어가다

1955년에 국내에 원자력 연구 기관 설치를 제안했던 김성삼 자유당 국회 의원은 "미국 원자 온실에서 시험해 본 결과 복숭아를 땅에 심어서 움이 나고 잎이 트고 꽃이 펴서 열매가 익기까지 15분이 걸린다고 들었다."라며 외국과 원자력 교류를 해야만 핵무기를 도입하는 데 유리하다는 주장을 폈다고 한다. 지금에 와서 돌아보면 과장된 이야기이지만, 당시에 원자핵이 가진 에너지에 대한 사람들의 놀라움이 그만큼 컸음을 잘 보여 주는 일화이다.

원자핵을 연구하는 물리학의 영역을 핵물리학(nuclear physics)이라고 한다. 원자핵 연구를 통해 과학자들은 원자 폭탄의 엄청난 위력을 증명했지만, 다른 한편으로는 전기를 생산하거나 질병을 치료하는 데 핵에너지가 이용될 수 있음도 보여 주었다.

한편 원자 폭탄을 개발하는 과정에서 과학자에 대한 새로운 인식이 생겨나기도 했다. 과학자가 국가의 이익을 위해 필요한 인재라는 인식이 확산된 것이다. 제2차 세계 대전이 끝난 뒤 과학자들은 특히 핵에너지 관리와 같은 중요한 사회적 의제를 결정하는 데 적극적으로 참여했다.

핵물리학의 역사를 통해 알 수 있는 것처럼, 과학과 사회는 밀접한 관계를 맺는다. 핵물리학의 역사는 과학 지식이나 과학자가 가져야 할 사회적 역할이 무엇인지에 대한 뼈아픈 교훈을 남겼다.

또 다른 이야기 | 영화 〈아이언맨〉과 원자로 ··········

　영화 〈아이언맨〉의 주인공 토니 스타크는 기존에 보아 왔던 다른 영웅들과 많은 면에서 차이를 보인다. 슈퍼맨이나 스파이더맨, 혹은 울버린을 비롯한 돌연변이 개체들이 가지고 있는 힘과 능력은 너무나도 비현실적이어서 보통의 인간이 그러한 영웅이 된다는 것은 상상할 수 없다. 하지만 아이언맨 토니 스타크는 현실적인 인간이면서 동시에 현실에서도 실현 가능해 보이는 여러 장비와 기술의 도움을 받는다. 그 상징과도 같은 것이 바로 아이언맨이 입는 슈트이다.

　아이언맨의 슈트에 에너지를 공급해 주는 것은 가슴 부분에 달려 있는 아크 원자로이다. 일반적으로 발전용으로 사용되는 원자로에서는 핵분열 방식을 통해 에너지를 얻는다. 중성자를 이용해 우라늄이나 플루토늄과 같은 원자들의 핵을 분열시키고 이어 연쇄 반응으로 나오는 에너지를 이용해 발전을 하는 것이다.

　이와는 달리 아이언맨이 사용하는 아크 원자로는 핵융합 방식을 이용해 에너지를 얻는다. 중수소와 삼중수소를 융합시켜 엄청난 양의 에너지를 얻는 예로 태양에서의 핵융합 과정을 생각하면 된다. 그런데 핵융합은 (현재까지의 기술 방식으로는) 온도를 1억℃ 이상으로 유지해야 가능하다고 한다. 이런 온도를 아이언맨이 견딜 수는 없을 테니 아크 원자로는 현재까지는 불가능하다.

　과학자들은 100℃ 정도의 낮은 온도에서도 핵융합이 가능하도록 하는 방식을 연구하고 있다. 하지만 이런 문제가 해결되어도 원자로를 가슴에 달 정도로 작게 만들 수 있는가 하는 문제는 여전히 남는다.

원자핵 연구와 방사선 연구는 거의 동시에 진행되었다. 1895년에 뢴트겐이 엑스선을 발견하면서 본격적으로 방사선 연구가 시작되었다. 마리 퀴리와 같은 화학자들은 우라늄과 라듐 등의 원소에서 방사선이 나온다는 사실을, 러더퍼드는 방사선에는 알파선, 베타선, 감마선 세 종류가 있다는 사실을 알아냈다.

방사선 연구는 원자핵 연구로 이어졌다. 소디와 러더퍼드는 방사성 물질이 방사선을 내보내면 다른 종류의 원소로 전환된다는 것을 알아냈다. 채드윅이 원자핵에 있는 중성자를 발견하자 방사성 연구는 더욱 활기를 띤다. 중성자는 쉽게 원자핵까지 접근할 수 있었기 때문이었다. 페르미 연구팀은 중성자를 이용해 인공적으로 방사성 물질을 만들어 냈다.

제2차 세계 대전 시기, 독일 과학자들은 연쇄 반응을 발견했다. 연쇄 반응으로 얻는 에너지가 엄청나다는 것을 알았던 연합국의 과학자들은 독일에서 먼저 원자 폭탄을 만들까 봐 연합군의 원자 폭탄 제조 프로그램인 맨해튼 프로젝트를 탄생시켰다. 1945년 과학자들은 원자 폭탄을 제조해 일본에 투하했다.

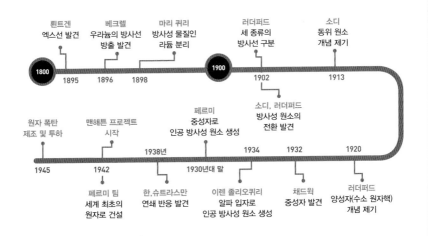

도서 및 논문

김영식 · 임경순, 《과학사신론》 제 2판, 다산출판사, 2007.

김희준, 과학동아 2000년 3월호(통권 제171호), 2000.

박성래, 《인물과학사》, 책과함께, 2011.

박성래, 《한국사에도 과학이 있는가》, 교보문고, 1998.

임경순, 《현대물리학의 선구자》, 다산출판사, 2001.

장하석, 《과학, 철학을 만나다》, 지식플러스, 2014.

홍성욱, 《그림으로 보는 과학의 숨은 역사: 과학혁명, 인간의 역사, 이미지의 비밀》, 책세상, 2012.

댄 쿠퍼, 승영조 옮김, 《현대물리학과 페르미》, 바다출판사, 2002.

데이비드 C. 린드버그, 이종흡 옮김, 《서양과학의 기원들》, 나남, 2009.

브루스 T. 모런, 최애리 옮김, 《지식의 증류》, 지호, 2006.

스티븐 샤핀, 한영덕 옮김, 《과학혁명》, 영림카디널, 2002.

스티븐 툴민, 《코스모폴리스: 근대의 숨은 이야깃거리들》, 경남대학교출판부, 2008.

아메드 제바르, 김성희 옮김, 《아랍 과학의 황금시대》, 알마, 2016

아서 그린버그, 《화학사: 연금술에서부터 현대 분자 과학까지》, 김유향 · 강성주 · 이상권 · 이종백 옮김, 자유아카데미, 2011.

요네야마 마사노부, 성지영 옮김, 《원자의 세계》, 이지북, 2002.

존 허드슨, 고문주 옮김, 《화학의 역사》, 북스힐, 2005.

찰스 길리스피, 이필렬 옮김, 《객관성의 칼날: 과학 사상의 역사에 관한 에세이》, 새물결, 1999.

카이 버드 · 마틴 셔윈, 최형섭 옮김, 《아메리칸 프로메테우스: 로버트 오펜하이머 평전》, 사이언스북스, 2010.

탈레스 외, 김인곤 외 7인 옮김, 《소크라테스 이전 철학자들의 단편 선집》, 아카넷, 2005.

토머스 핸킨스, 양유성 옮김, 《과학과 계몽주의: 빛의 18세기, 과학혁명의 완성》, 글항아리, 2011.

폴 스트레턴, 예병일 옮김, 《멘델레예프의 꿈》, 몸과마음, 2003.

프랜시스 베이컨, 김종갑 옮김, 《새로운 아틀란티스》, 에코리브르, 2002.

프랜시스 베이컨, 진석용 옮김, 《신기관》, 한길사, 2001.

플라톤, 박종현 · 김영균 옮김, 《티마이오스》, 서광사, 2000.

피터 J. 보울러 · 이완 리스 모러스, 김봉국 · 홍성욱 · 서민우 옮김, 《현대과학의 풍경》, 궁리, 2008.

피터 디어, 정원 옮김, 《과학혁명: 유럽의 지식과 야망, 1500~1700》, 뿌리와이파리, 2011.

G.E.R. 로이드, 이광래 옮김, 《그리스 과학 사상사》, 지성의샘, 1996.

Antoine Lavoisier, *Traité élémentaire de chimie*, Robert Kerr 옮김, *Elements of Chemistry, In a New Systematic Order, Containing all the Modern Discoveries*, 1790.

George Sarton, "The Numbering of the Elements," Isis, Vol. 9, No. 1 (Feb., 1927)

Henry Cavendish, "Experiments on Air," Royal Society of London *Philosophical Transactions* 74, 1784, p. 129.

John Dalton, *A New System of Chemical Philosophy*, 1808.

Joseph Priestly, "An account of further discoveries in air," Royal Society of London *Philosophical Transactions* 65, 1775

Owen Hannaway, "Laboratory Design and the Aim of Science: Andreas Libavius versus Tycho Brahe," *Isis*, Vol. 77, No. 4 (Dec., 1986)

Peter Dear, "The Intelligibility of Nature: How Science Makes Sense of the World", University of Chicago Press, 2006.

Robert Boyle, *The Sceptical Chymist*, 1661.

Steven Shapin & Simon Schaffer, *Leviathan and the Air-Pump: Hobbes, Boyle, and the Experimental Life*, Princeton University Press, 1985, chapter 2.

웹페이지

디라이브러리 http://mdl.dongascience.com/magazine/view/S199307N030

http://www.philosophy.gr/presocratics/empedocles.htm

밀레투스 원형 극장 ⓒLeoboudv

우로보로스 ⓒΩméga

자비르 이븐 하이얀 ⓒWellcome Library, London

파라켈수스 ⓒWellcome Library, London

로버트 보일 ⓒWellcome Library, London

화학의 집 ⓒWellcome Library, London

보일의 진공 펌프 삽화 ⓒWellcome Library, London

보일의 진공 펌프 재현(사진) ⓒJohn Cummings

철가루 ⓒAney

수은 ⓒWilco Oelen

수은 재 ⓒMaterialscientist

베르셀리우스 ⓒWellcome Library, London

리튬 ⓒDnn87

나트륨 ⓒDnn87

칼륨 ⓒDnn87

루비듐 ⓒDnn87

세슘 ⓒDnn87

프랑슘 ⓒUnunseptium192

존 돌턴 ⓒWellcome Library, London

뢴트겐의 엑스레이 사진 ⓒWellcome Library, London

크룩스관 ⓒD-Kuru